绿手指玫瑰大师系列

全图解

玫瑰月季爆盆技巧

Container Rose

（日）铃木满男 著　陶旭 译

长江出版传媒

湖北科学技术出版社

代 序

翻译手记

《绿手指玫瑰大师系列》丛书

从 2010 年绿手指首次引进了日本武藏出版社的《玫瑰花园》一书起，不知不觉中已经过去 6 年时间。在这 6 年中，国内的园艺界发生了翻天覆地的变化，家庭园艺进一步普及，玫瑰与月季爱好者与日俱增，每年冬季都有大批玫瑰进口苗涌入。英国苗、法国苗、德国苗以及之后盛行的日本苗，我国的玫瑰品种已经多到不输于任何一个园艺发达国家。

曾经在《玫瑰花园》里还是那么陌生拗口的品种名，如今已经被花友津津乐道；曾经在高端品种收藏家中也一苗难求的奥斯汀玫瑰，如今身价也一降再降，出现在街头巷尾的寻常花市。

而我作为深爱玫瑰的一员，也在这普及大潮中随波逐流，强迫症般地买买买和种种种，新品种堆满了花园中的每个角落，等到冷静下来回首满目疮痍的花园，才发现很多花苗还没有得到呵护就因各种原因死死死，很多品种甚至没有真正得到发挥光彩的机会就被换换换。直到家中的玫瑰品种减少到一半时，我才真正开始认真思考，在买买买之后是否该花点时间学习怎么买，在种种种之后是否该花点时间学习怎么种呢？

抱着这个目的，2014 年春季我和绿手指编辑部的成员一起去日本参观了日本玫瑰园艺展，并游览了数个以玫瑰为主题的花园，之后又到书店和出版社与日本园艺界的同仁交流洽谈，经过慎重的挑选和协商，最终才决定引进这套《绿手指玫瑰大师系列》丛书。

第一辑丛书共有 4 本，分别是面对初级爱好者的《玫瑰月季栽培 12 月计划》和《人气玫瑰月季盆栽入门》以及针对中级爱好者的《大成功！木村卓功的玫瑰月季栽培手册》和《全图解玫瑰月季爆盆技巧》。

《全图解玫瑰月季爆盆技巧》作者铃木满男是日本京成玫瑰园的首席专家，大多数玫瑰爱好者都应该听说过京成玫瑰园的大名。这本书类似我们传统的栽培技术书，中规中矩地阐述了栽培中的各种要领和关键技巧。尤其可贵的是，本书附有无微不至的详尽说明和大量的实际操作图片。例如，修剪玫瑰的过程，会拍到枝条的每一个细节，甚至细致到园艺剪刀的朝向，让读者如临现场般亲睹大师的操作要领。即使是完全没有经验的新手也可以立刻依葫芦画瓢学习上手，而资深高手也会发现很多日常管理中没有注意到的小细节，可谓技术派必备的工具书。

在翻译这 4 本书的时候，我发现日本的园艺家们提出了很多我们平时还没有关注到的问题，这些问题恰好是很多人在栽培时容易产生困惑的地方，在此我简单列举如下，以便大家在阅读时留意。

1. "欧月"既不是药罐子，也不是肥篓子

从 2009 年后，我国开始流行英国奥斯汀玫瑰以及一些欧洲和日本的新品种，很多人称之为"欧月"，反之将此前国内常见的杂交茶香月季称为"国月"。这种称呼会让人产生误解，认为它们都是"月季"，在栽培和管理上没有什么不同。

关于"国月"的栽培有一首打油诗："它是一个药罐子，也是一个肥篓子，冬天剪成小和尚，春天开成花姑娘。"但是，以奥斯汀品种为代表的"欧月"，株形更多样、开花习性也更复杂，管理手法上如果采取针对杂交茶香月季的大肥、大水、大药和一刀切式强剪，就很难发挥出它的优势。这也就是为什么奥斯汀玫瑰在国内引进极多，但种出效果的花园并不多见的原因吧。

在栽培"欧月"时请首先记住的一条就是："欧月"既不是药罐子，也不是肥篓子，冬天剪成小和尚，春天可能还是一个小和尚。

2. 一年之计在于夏

四季分明的温带环境对玫瑰的生长是最有利的，在园艺和玫瑰大国的英国，夏季是玫瑰最好的时节。

而在我国的长江流域，夏季却代表漫长的梅雨和之后难耐的高温，不仅所有的春花在入夏后都会停止生长或变形，由黑斑病或红蜘蛛引起的落叶还会让植株衰弱，导致开不出秋花，更严重时还可能导致植株死亡。所以，对我们而言，夏季不仅毫无美好可言，简直是个危机重重的季节。

在这套系列丛书里，同样为这种气候条件烦恼的日本园艺家们提出了很多度夏的精到见解，例如针对盆栽玫瑰进行地表隔离操作防止高温伤害根系、进行适度的夏季修剪来放弃夏花保秋花等等。同时，书中也指出了很多我们在栽培时常犯的错误，例如把所有感染黑斑病的叶片都剪除，会严重伤害植物，是不可取的做法。

春季的花朵令人陶醉，冬季的修剪也让人向往，但是夏季的避暑措施，才是玫瑰管理中的重中之重。

记住，最可恶的季节恰好是最重要的季节。

3. "牙签—卫生筷—铅笔"的修剪方法

很多园艺爱好者在最初接触玫瑰时，都会被复杂的修剪方法难住，结果不是拿起剪刀无从下手，就是干脆拦腰一刀，将玫瑰剪成"小光头"。

翻阅这几本书时，我发现几位大师都不约而同地介绍了一个有趣的修剪标准——按照不同的品种，针对不同粗细的枝条进行修剪，即对小花型品种的枝条剪到牙签粗细的位置、对中花型品种的枝条剪到卫生筷粗细的位置、对大花型品种的剪到铅笔粗细的位置。

记住"牙签—卫生筷—铅笔"，在冬季修剪的时候就不会再拿着剪刀就犯愁了。

4. 为什么叫玫瑰而不是月季

在这套《绿手指玫瑰大师系列》丛书中介绍的不仅有传统的杂交茶香月季，也包括了大量的原生蔷薇和古典玫瑰。因此，需要找一个词来代表所有蔷薇属植物，也就是来翻译英语里的 ROSE，日语的 BARA，最后，我们选择了玫瑰。

作为目前这个时代人们最爱的花卉（没有之一），玫瑰不仅仅是一种园艺植物，也是一种文化植物，它除了具有本身生物学上的特性，也包含了更多丰富的文化意味。如果玫瑰无法代表对爱与美的向往，还会有几个人种玫瑰呢？

不过，月季迷和科学控可以放心，这套丛书在分类部分的记述都是很明确的，绝对不会外行到把杂交茶香月季或中国月季叫作杂交茶香玫瑰和中国玫瑰的。

每个人心中都有一座玫瑰园。付出爱，收获美，这一定就是我们为什么要种玫瑰的原因。

要知道结果，就立刻翻开书吧！

药草花园

Contents

全图解玫瑰月季爆盆技巧

Container
Rose

玫瑰目录

特别选出 20 个隆重推荐的盆栽品种···75

浪漫贝尔 / 蒙娜丽莎的微笑 / 芭兰多 / 粉色漂流 / 洛布瑞特 / 乔治·贝斯特
亚斯米娜 / 宇宙 / 格拉米城堡 / 帕特·奥斯汀 / 艾拉绒球 / 夏日回忆 / 雪锥 / 月月粉
伊冯娜·拉比尔 / 征服 / 玫瑰园 / 亨利·方达 / 波列罗舞 / 英格丽·褒曼

按花色分类　品种目录···87

粉 小特里阿农 / 雷诺·沃特 / 玛蒂尔达 / 粉色繁荣 / 魅惑
粉红新娘 / 樱贝 / 希望 / 马里内特 / 马美逊的纪念等

白 繁荣 / 淡雪 / 妙极 / 冰山 / 白色萌宠 / 雪香水
约翰·保罗二世 / 泪珠 / 白菲儿等

黄 太阳火焰 / 番红花玫瑰 / 灿烂征服 / 无名的裘德 / 和平
暮色 / 香槟伯爵 / 焦糖古董等

橙 阿利斯特·斯特拉·格雷 / 英国花园 / 笑容 / 古董蕾丝
泡芙美人 / 安布里奇 / 科莱特 / 豪斯玫瑰 / 格蕾丝等

红 红衣主教 / 红色漂流 / 恋情火焰 / 黑蝶 / 伊吕波 / 光彩
矮仙女 '09 / 重瓣征服 / 永恒 '98 / 红色龙沙宝石等

紫 紫香 / 蓝雨 / 蓝欢腾 / 暗恋心 / 紫云 / 梦幻薰衣草
玫兰薰衣草 / 蓝色狂想曲

Lovely Rose

盆栽玫瑰的
魅力与
优势

1

更方便将植株移
到日照充足和通
风良好的环境中。

玫瑰非常喜欢光照充足和通风良
好的环境。如果使用花盆栽种，
就可以选择最合适的地方摆放花
盆。相比一旦种下就确定位置
的地栽方式来说，这是盆栽
很大的优势条件！

3

可以转动花盆或从
下向上观察，有效
确认植株背面和叶
片背面的状况。

病虫害是玫瑰的大敌，且通常隐藏在
不易观察的地方。如果用花盆栽种则
可以把盆花放在易于观察的地方，
有利于尽早发现病虫害，修剪
起来也会方便很多。

2

可在盆花状态最好
的时候摆放在最显
眼的地方，充分体
现盆栽的自由性。

可在休花期间将盆花摆放在不太显眼处
进行日常管理，到花即将开放的时候再
摆放在显眼的地方，打造出惊艳出场的
惊喜效果。还可以把状态最好的玫
瑰摆放在从客厅便可看到的露台
上或是进门玄关处，营造出
美好的氛围。

4

与地面拉开距离，
可以有效减少病虫
害，且打理方便。

通常玫瑰离地较近的位置易受病虫侵
害并容易扩散到整个植株。盆栽不直
接接触地面，可以有效减少病虫
害。无农药栽培的理想状态
也不是遥不可及的！

Scene Rose

用盆花打造出
美丽的玫瑰景致

即使没有庭院，也可以打造出梦幻玫瑰花园。
这里介绍一些在阳台或露台等处，将盆栽玫瑰与
草花组合在一起打造花境的参考实例。

露台的四面
用拱门、盆花错落装饰
营造出色彩与芳香萦绕的氛围

这是一处将玫瑰与观叶类植物
搭配得十分出色的
开阔阳台

Scene Rose

经典的古典玫瑰展现芳容
让人看到不禁会想
"这才是真正的玫瑰！"
一盆就可以营造出非常华丽的氛围

杏色玫瑰与粉色玫瑰错综交叠
渲染出一派柔美的窗边风情

玫瑰、杂货、多肉植物等
一位热爱生活的主人
精心打理出的时尚盆花角落

把精心挑选的小物件
与盆栽玫瑰搭配在一起
让人不禁陶醉在有玫瑰的美好生活中

8

色彩丰富的玫瑰和草花
为简约的台阶与墙壁
增添活力

将淡色调的玫瑰和彩叶植物
与等间隔设置的花格
搭配装饰在一起

把复古的花盆
汇集在独具风情的台阶下
打造出让人过目不忘的玫瑰花境

秋季~冬季
（10 月至次年 2 月）
主要养护处理

- 上盆前的准备工作

- 大苗、长枝苗上盆

- 藤本品种的修剪与牵引

- 玫瑰成株的修剪

- 换土等

为了能在准备充分的状态下迎来最绚烂的春天，对于玫瑰而言，秋冬可以说是一年之始。这时要做诸如大苗上盆、冬季修剪等很多工作。准备工作时机得当，是在春天收获开花美景的基本保障。

上盆前的准备工作

【玫瑰大苗】

大苗是指完成嫁接后在大田里养护了一年的花苗，市面上通常在 10 月至次年 3 月出售。这种苗相比春季销售的新苗来说，培育的时间更长，特点是比较健壮且易于打理。前些年日本市场上流通的大苗通常是用水苔包裹根系的状态，但近年来多改为临时假植在深盆中出售。大苗上盆最合适的时期是 10 月至次年 2 月下旬。除了在实体园艺店购买，也可以网购，但网购时无法挑选苗的状态，所以更推荐到实体店选购（目前国内还是以网购为主，且多为用水苔或泥炭包裹发货）。

大苗

近年来图中这种栽在塑料花盆中销售的苗比较多见。

冬季的园艺中心（京成玫瑰园）。这里出售大量栽在深盆中的大苗。需要确认好苗的花型、株高及株型后，选择适宜盆栽的品种。

新苗

嫁接后不满一年的苗。通常从 3 月下旬左右开始流通（具体说明请见第 42 页）。

的养护方法

即使花盆中的土壤有限，也可以让玫瑰爆盆。不要觉得玫瑰非常不好种，其实只要按照季节进行一些适当养护就可以了。我们会在这里结合图片进行详细解读，其中有一些是区别于地栽的盆栽专用方法。

【上盆用土壤】

● 上盆时最好使用排水性好且含堆肥或肥料成分比较少的清洁土壤，尽量考虑自己配土上盆。市场上销售的营养土很多含有有机质或肥料成分，这样的土对于比较强壮的花苗来说可以正常使用，但对于根系没有发育完全或刚开始发根的苗来说，需要再掺入三成中粒赤玉土后使用。

● 自己配土时可以参考如下比例，红土 7：草炭（泥炭）2：珍珠岩 0.5：稻壳炭 0.5。如果找不到红土，可以用中粒赤玉土代替。草炭要选用未调整过酸碱值的类型，先用水将其浸透约一小时，再配土使用，这样就不容易出现浇水时浮起来的问题了。

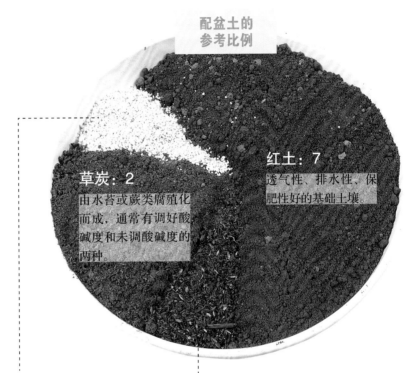

配盆土的参考比例

草炭：2
由水苔或蕨类腐殖化而成，通常有调好酸碱度和未调酸碱度的两种。

红土：7
透气性、排水性、保肥性好的基础土壤。

珍珠岩：0.5
透气性和排水性优越的多孔质人工沙砾，有助于减轻土壤总重量。

稻壳炭：0.5
由稻壳炭化而成，透气性及保水性优越。

玫瑰专用营养土

这是由京成玫瑰园与 PROTOLEAF 公司共同开发的玫瑰专用土。加入了早期培育所需的底肥，特别适合用于大苗上盆。

【花盆的种类与选用】

考虑到玫瑰的生长特性，建议选用具备一定透气性且不易翻倒的桶状花盆。花盆大小为 8 ~ 10 号（本书中所提及的花盆号大小通常为每号盆口直径相差约 3cm。此处指盆口直径为 24 ~ 30cm 的花盆）比较合适。阳台盆栽推荐使用塑料花盆，以便于移动。但除此之外，红陶花盆或高温素陶花盆也比较适用。对于透气性好、易造成土壤干燥的花盆，需要增加浇水的次数，反之需要防止因浇水过多而造成的烂根。可以根据自己的日常管理方式和时间分配选择合适的花盆。

基本款

大师推荐

塑料材质

重量轻，方便在阳台上使用。通常较深的桶状盆的透气性较好，有助于植株生长。

适合可以经常浇水的人

红陶材质

这种花盆容易发生脱水，推荐给可以经常浇水的人选用。一些进口花盆的盆底孔较小，会影响排水性，需要买来后自己将盆底孔洞扩大。

推荐用于种植玫瑰的其他花盆种类

塑料方盆

常见的适合种植玫瑰的花盆。

素陶长条花盆

适合并排种植紧凑灌木型品种或微型品种。

直筒型的花盆不易翻倒哦！

条孔塑料盆

由盆底延伸向上的细长缝隙，可以防止根系盘结。

陶制花盆

如果是表面带釉的类型则土壤不易干透，所以不易发生脱水。习惯勤浇水的人要注意避免发生烂根。

和风陶盆

与单瓣玫瑰搭配起来非常和谐。

高脚陶盆

花盆表面的浮雕花纹等装饰，打造出非常可人的格调。需要注意确认盆底是否有孔。

盆托

这种设置虽然对于盆栽玫瑰来讲不是必需的，但有了它以后能增添一些时尚情趣。

复古风格陶盆

其表面的浮雕及做旧效果非常有个性，适合栽种带有古典风情的古典玫瑰品种。

【优质大苗的选择方法】

最好选择无枯枝、树皮上没有紫红色斑点且至少有一根壮实枝条的花苗。有人认为选择有3根健壮枝条的比较好，但实际上可能枝条越多越会使每根都不够强壮。要选已经长出粗根的苗。如果是

1～3月的时候，要选枝条上因受寒而出现褐色纹的苗。由于每个品种的枝条或根的状态有所不同，应尽量亲自去挑选，将同一品种进行比较，锻炼自己观察花苗的能力。

判断强壮好苗的要点

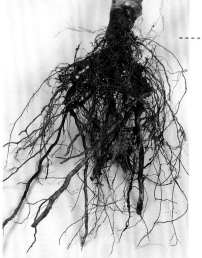

枝条状态

枝条表面看起来凸凹不平、间有褐色的筋状纹，这是强壮好苗的标志。一棵苗如果有一根这样的枝条则可以发出健康的抽条，成长为强壮的植株。

根系状态

最好有几根比较粗的强壮根。但有一些品种只长很多比较细的须根。

强壮好苗

上图为丰花月季'浪漫贝尔'（Belle Romantica）的裸根苗。灌木品种的枝条较多，如果是杂交茶香月季，则只要有一两根枝条就可以了。砧木和嫁接处都状况良好。

强壮好苗的开花状态

好的大苗

　　图中为丰花月季'暗恋心'，又名'蓝色风暴'（Shinoburedo）的大苗。其向左右方向长出了强壮的枝条，虽然根不是很粗，但有很多须根。与同品种的其他苗相比即可看出优劣。

上图为左侧强壮好苗的开花状态

　　1月将大苗上盆，经过4个月后开花的'浪漫贝尔'。之后还会长得更强壮，开出更多美花来。

栽在营养钵或花盆中销售的大苗

　　以往大苗都是销售裸根苗，但近年来多将大苗假植在花盆或较深的营养钵中销售。这种苗在选购的时候虽然看不到根系，但如果是在同一品种中植株比较强壮的，其根系通常状况也比较好。下图中左边为假植在花盆中的大苗，右边为假植在深营养钵中的大苗。通常用草炭或蛭石假植，上盆的时候可能很容易就散落掉了。有些季节销售的花苗会如图所示长出叶片。

开花状态

植株整体均衡坐花，姿态很好。若冬季移栽，次年春季就可以欣赏到这样的效果。

　　如果购买的是大苗的裸根苗，要尽快上盆。一般正规渠道所售苗的根部是湿润的，可以不经吸水操作直接上盆。如果根已经干了，则需要将根部浸在水中吸水，并在上盆后用无纺布包住花盆防寒。

准备物品
- 花盆（8~10号）● 钵底网
- 钵底石（或钵底土）● 配好的盆土 ● 玫瑰苗
- 铲子 ● 木棍等 ● 修枝剪 ● 园艺手套

2 放入钵底石

放入少量钵底石或钵底土。

要点

如果是地栽，通常要求露出嫁接接口，但盆栽时如果是图中的状况也可以稍埋上一些，这样不仅可以防止松动，而且看起来也更美观。

接口

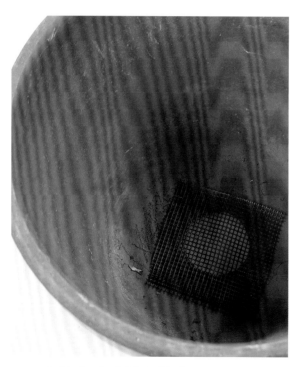

1 在钵底孔处铺上钵底网

这里使用的是8号高温素陶盆。先在盆底孔处铺上钵底网。

3 把苗放进去以确认埋土的高度

将苗的根系展开后先试着放入花盆中，土面高度以埋住嫁接口为准。

4 放入少量土

按照步骤 3 确认好的高度加入盆土，并将中央位置稍堆高。

5 栽苗

将苗的根系展开放入盆中，调整好枝条均衡状态的同时加入盆土栽好。

6 插土

用木棍等插到根与根之间以填充空隙，让土充分下沉填满空隙后再加足盆土。

浇水空间

7 留出浇水空间

图中为加好盆土后的状态。不要忘记留出 2～3cm 的浇水空间（即为了防止在浇水时，水和土溢出花盆而在土面上方留出的空间）。

要点

对于裸根苗来说根系需要休养，为了不给根系造成过大负担，调整根与枝条间的平衡，需要将枝条修剪成20～25cm的高度。如果是进口苗则要剪得更低一些。

8 回剪枝干

在枝条高度20cm左右处，选取芽上5～6mm的位置剪断。

9 上盆后浇水

浇3遍水，每次浇到盆底孔流出的水由浊变清为止。之后放在日照充足且不会结霜的地方养护。表土干后浇水至盆底孔流出水的程度。芽开始萌动后施入固体缓释肥。

去除嫁接胶带

为了使接穗与砧木紧密结合在一起，通常会在接口处缠上半透明胶带。由于大苗已经成功嫁接很长时间而结合得比较结实，应该不会再分离开，所以通常在上盆时可去掉这里的胶带。如果忘记去除胶带，胶带可能会嵌入基干部位而影响植株的正常生长。

图中为忘了去掉胶带造成基干部位长出大包的状态。

除掉胶带很简单，看到了就把它摘掉即可。

大苗上盆②
在隆冬季节上盆深营养钵玫瑰苗的情况

近年来很多花苗都是假植在深营养钵中售卖的。相比裸根苗来说，这种苗通常已经出芽或已长出叶片。如果11月末之前买回，可以直接上盆，但如果是在隆冬季节买回了带叶的苗，则需要修整叶和芽后再上盆。这样可以有效预防叶片上潜伏的病虫害。

准备物品
● 花盆（9号）● 钵底网 ● 钵底石（或钵底土）
● 配好的盆土 ● 玫瑰苗 ● 铲子
● 木棍等 ● 修枝剪 ● 园艺手套

2 检查叶片的患病等状况

仔细检查叶片可以发现白粉病等状况。隆冬长叶的植株很容易出现这种状况。

1 深营养钵苗

图中为2月中旬买来的深营养钵苗，苗上有多根粗枝而且已经长出叶片。这说明根系长得很好，但叶片因受寒稍带伤。

3 修剪叶片

上盆前先将所有叶片剪掉，促使新芽长出。

19

4 留下芽心部分

拿住叶片的叶柄处并用手仔细揪除干净，这时可以看到细小的芽心部分，保留这一部分不动。

要点
只有在隆冬季节需要剪叶。如果 10 ~ 11 月上盆则不去掉叶片，全都保留。

5 剪过叶的状态

上图为剪掉所有叶片仅留小芽的状态。

6 从营养钵中拔出花苗

捏住苗的基干处，将其从营养钵中拔出。

7 拔出来的状态

图中为花苗拔出来的状态。少量的根长出了草炭等假植介质，由此可以看到假植后的生长状态。

要点

上盆时由于根系还在生长，应轻轻打散土坨，注意不要把土清理得过净，特别不要用水洗根。如果 10～11 月上盆，则无需打散根土。

8　去掉少量的土

打散土坨去掉少量的假植土。由于根系还处于生长状态，故不要过量去除土壤。

9　将花苗放入花钵

在 9 号花盆的盆底放好钵底网，铺上钵底石，并在上面放一些盆土后，再放花苗。调整土的高度，使嫁接口处于刚好被埋住的位置。

要点

由于根系生长状况较好，枝条的状况也比较均衡，所以无需特意修剪枝条。但如果出现枝干枯萎或受伤的情况则需回剪。

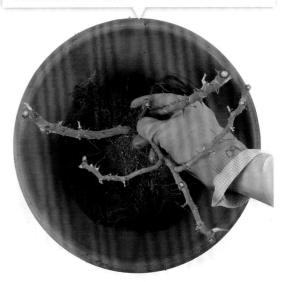

10　确保位置均衡，栽好

由于花苗枝条是稍向外伸展的状态，所以有时不是将其放在正中央，而是放在从正上方观察时每根枝条都处于花盆内比较均衡的位置。

11　栽好 & 浇水

将木棍等插到根与根之间，使土充分填补空隙，避免土中出现空洞，然后加足土并留出浇水空间。之后按照裸根苗上盆后的相同方法浇水。

长枝苗（藤本品种）上盆

藤本品种也有大苗和新苗，其上盆方法与其他品种基本相同。但是在阳台等处栽种藤本品种时，建议选用枝条长并由支架支撑状态下销售的长枝苗。对于藤本品种来说，栽种大苗基本不会在次年春天开花，新苗养到开花至少要一年时间。由于长枝苗已经培育了大约一年的时间，所以冬天栽下的话，春天就可以看到开花了。对于养护空间比较小的阳台盆栽，推荐选购已经养大的、可以尽早开花的苗。

准备物品
- 藤本品种长枝苗
- 花盆（这里使用的是盆口直径35cm的塑料方盆）
- 钵底网
- 钵底石（或钵底土）
- 配好的盆土● 铲子
- 木棍等
- 花格（这里使用的是高1.5m的折角花格）
- 麻绳 ● 园艺手套

1 长枝苗的状态

图中为藤本品种'沉默是金'（Silence Is Golden）的长枝苗。由支架支撑超过1.5m长的枝条及其他几根枝条。

2 从盆中拔出花苗

捏住苗的基干处，将苗从盆中拔出。

3 轻度打散土坨

因植株生长好，根系盘根错节，土坨比较紧实，所以不要将土坨完全打散，以免影响枝条生长，仅将土坨上部和周围用手拨松一层即可。

4 将根系弄松后的状态

图中为稍去掉一些土而拨松根系的状态。整理到这样的状态即可。

> **要点**
> 由于藤本品种生长旺盛，故需要用比较大的花盆栽种。虽然每株苗的枝条粗细和伸展角度有所不同，但通常将苗稍靠近花格栽种比较方便牵引。

5 放好花格

在盆底铺好钵底网后加入少量钵底石和盆土，将花格放好。

6 将苗放入花盆

将苗保持原支架的状态放入花盆，调整土的高度，使土壤刚刚覆盖嫁接口。

7 栽苗

将土加到留出适当浇水空间的高度。

8 加土并消除空隙

用木棍等反复插盆中各处以消除空隙。

9 加土栽好的状态

图中为栽好的状态，浇水空间也预留好了。下面开始牵引枝条。

10 去掉苗自带的支架

将绑在支架上的枝条都解开，然后去掉支架。

11 从最长的枝条开始牵引

如图所示牵引枝条。先将最长的枝条向斜上方轻弯并用麻绳固定，之后用比较细短的枝条填补空隙。

12 均衡调整

图中的枝条虽然较少，但牵引后整体分布比较均衡。

14 完成牵引

如果有受伤的枝条也要剪掉。牵引完成。

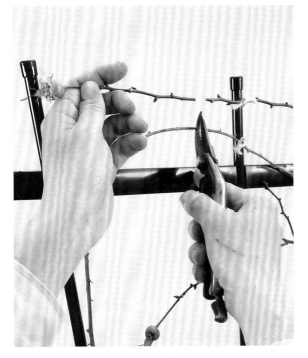

13 整理溢出的枝条

如果有超出花格的枝条，可将枝干剪掉。如果有如图所示开败未修剪的残花，请在芽的上方位置修剪。

15 浇水

用手掌挡住水管口浇水，浇至水从盆底流出的状态。如此反复浇水3次。将花盆摆放在日照充足且通风好的地方。

藤本品种牵引
（枝条缠绕方法）

通常应在 12 月至次年 1 月上旬进行。首先解开枝条，修剪去掉废的枝条，再将其缠绕在拱门或栅栏等支撑架上进行牵引。若提早在 11 月牵引，弯曲的枝条上可能会提前出芽而被冻伤。如果 2 月牵引，则芽已经开始膨大，易在牵引过程中掉落而错过最佳生长期。所以应选择合适的时机完成牵引操作。下面先来了解基本的牵引方法。

准备物品
- 藤本品种的盆花 ● 支撑物（这里使用塔架）
- 麻绳（或塑料绳）● 剪刀

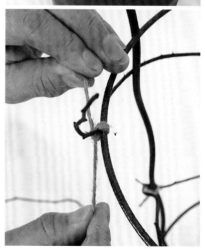

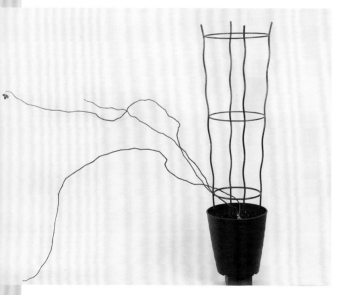

1 把枝条放到外面

下面介绍将藤本品种的长枝条缠绕在支撑物上的方法。先将支撑物固定在花盆中，并将枝条放在支撑物的外面，放在内侧会不易缠绕且很难拆除支架。

2 试缠绕

（上）将最长的枝条比照支撑物的尺寸，调整缠绕的圈数和方向，找到均匀分配的最佳位置。
（中）基本确定了合适的位置后，将枝条从最下方开始用麻绳固定，也可以用塑料绳代替。
（下）将麻绳缠两圈后固定在支撑物上。

3 缠好第一根枝条的状态

上图为将最长的一根枝条缠绕好后的状态。

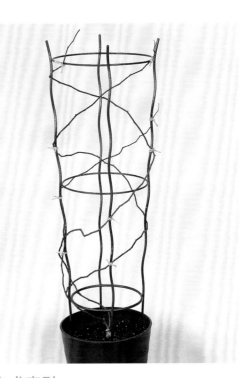

5 完成牵引

将第三根枝条也均衡地缠绕在支撑物上即完成牵引。如果有超出范围的枝条则要修剪掉。

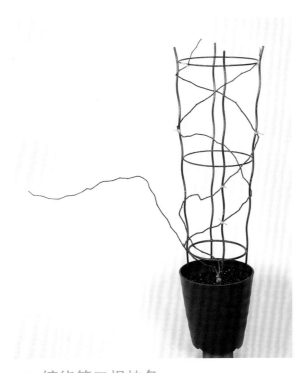

4 缠绕第二根枝条

将第二根枝条尽量安排在填补空当的位置缠绕在支撑物上，缠绕的方向可以与第一根枝条相反。

6 次年 5 月

这是开始开花的藤本玫瑰。左下方长出的新枝条也应绑上去。

成株藤本品种的修剪与牵引

藤本品种包括两种，一种是从基部发出抽条（笋枝）的抽条更新类型，另一种是枝条每年变粗的非抽条更新类型。前者需要把所有枝条解除固定，剪掉老枝并重新牵引抽条。后者由于不发或很少发出抽条，所以通常不放开老枝而保留原状。对于牵引空间小的盆栽，更适合非抽条更新类型，这里也以这种类型为例进行介绍。

准备物品
- 藤本品种的盆花 ● 支撑物(这里使用两根 U 形架)
- 麻绳（或塑料绳） ● 剪刀

要点

下方零散长出的较短的新枝通常只需简单固定一下，不用整体重新牵引。但这里选用的植株已经整体比较零乱了，所以需要全都解除固定后重新牵引。

1 修剪与牵引
前的状态

图中为非抽条更新类型的微型藤本品种'宇部小町'，上盆后三四年的成株。

2 剪除枯枝

先修剪不要的枝条。可以一边解除固定一边修剪，这样比起全都整理一遍再解开固定的方法更容易操作一些。如果发现枯枝，要从枝条的底部整体剪掉。

3 剪除弱小枝

剪除受过病虫侵害的枝条、看起来明显细弱的枝条、过短的枝条等。

4 完成枝条整理

整理枝条的处理基本完成，固定处也都已经解除了。

6 保留短枝

玫瑰通常是在偏上的位置开花，在底部开花较少，所以可以不剪掉短枝而将其固定在下部较空的位置。

5 牵引第一根枝条

将最长、最壮的一根枝条向斜上方螺旋缠绕，用麻绳从最下面开始固定。螺旋的方向与以前相同或相反都可以。为了防止风吹枝条而碰伤枝条上的芽，需要用绳绕两圈捆绑稳固。至于缠绕的松紧度，可根据个人喜好决定。但对于牵引在塔架或栅栏上的枝条，缠绕过松可能会显得松垮不利落，还有一些品种绑得过松枝条会摇摆不定，不利于长出花芽。

7 牵引第二根枝条

将第二根枝条沿空的地方牵引并用绳固定。枝条之间的参考间隔为：大花型植株约10cm，小花型植株约5cm。

要点

花枝修剪的局部放大，这里可以看到修剪之前的状态。

完成修剪的状态，可以看到所有花枝都已经被剪短了。

8 修剪花枝

将所有前一年开过花的枝条保留两三个芽后剪断。对于这里介绍的品种来说，相当于保留1 ~ 2cm枝条后剪断。

9 完成修剪与牵引

图中为完成修剪及牵引的状态。春季一定会开满绚丽的花朵。

次年5月

不通过抽条更新，每年枝条变粗的品种，之后不用重新牵引，只要把生长出的短枝绑到合适的空当处即可。

【藤本品种的造型与支撑物】

虽然每个品种都有一些个性化差异，但通常地栽的藤本品种由于株型比较大，所以一旦栽下就很难再移动，也不容易再变换造型了。从这方面讲，盆栽的品种则可以变换支撑物，无论是塔架还是栅格，都能轻松更换来变换造型。另外，虽然盆栽植株无法追求地栽植株那样长的植株寿命，但可以在一个花盆中同时栽种数棵植株，在短短的几年间打造出非常绚烂的效果。近年来各种新型支撑物不断面市，可以充分利用这些来给盆栽玫瑰增色。

U 形支架与栅格

图中为将弯管材料的U 形支架插入花盆中，再在上面固定栅格，将藤本玫瑰'冰山'（Iceberg）牵引在上面的效果。花盆中栽种了两株同样品种的玫瑰，可以想象春季开满白花的纯美场景。

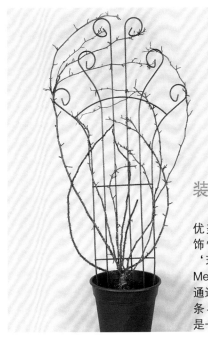

装饰性花格

图中为在上方以优美的线条展开的装饰性花格上牵引玫瑰'玫兰宾果'（Bingo Meidiland）的实例。通过巧妙的牵引，仅枝条与花架搭配就已经是一道美丽的风景了。

花格

有重量感的铁质类型，插在花盆中可以用于牵引微型藤本品种或灌木品种。

铁艺塔架

实心铁艺，非常有厚重感。顶部有装饰，即使花开不到那么高也可以起到很好的点缀作用。

圆筒架

较轻且形式简约。有不同的大小，可以根据花盆的大小自由选用。

冬季修剪①
（杂交茶香月季）

对于已经栽到花盆里的玫瑰，通常在芽萌动前的2月下旬进行修剪。冬季修剪是种植玫瑰最重要的养护措施之一，其好处是：①去除老枝，促发新枝，使植株保持良好状态；②控制枝条数量，以保证开出又大又美的花朵；③通过剪掉一些废枝条，使植株内部可以照到阳光而达到预防病虫害的效果；④将过度伸展的植株控制得比较紧凑。对此也有不同的修剪思路，这里主要以调整盆栽植株的均衡株型及保证良好坐花状态为主。修剪方法因品系和株型不同而有所区别，要先确认好基本信息后再进行有针对性地修剪。

2 修剪废枝条

向植株中间伸展的枝条影响通风，要从枝条底部整根去除。还要去除枯枝及因病虫害受伤的枝条，如果有老枝、过短小的枝条也一并去除。

1 修剪前的状态

图中为上盆一年后，2月上旬的杂交茶香月季'皮尔·卡丹'（Pierre Cardin）。秋季开花后的残花尚未处理。

3 修剪至整体 1/2 的高度

将前一年开头茬花的枝条修剪到1/2的高度或更低一些。从芽的上方剪断。

4 修剪时注意兼顾坐花条件

对于图中的分叉部位，虽然也可以从 A 处剪断，但考虑到盆栽情况下，枝条数量多可以多开花，所以修剪时特意保留分叉部分。

5 修剪剩余枝条

剩余位于中心处的枝条也与步骤 4 相同，按照尽量多留枝条数量的思路而在稍高的部位剪断。基本原则是较弱的枝条选择稍低的位置剪断，较粗壮的枝条在稍高的位置剪断。在小图中，最右边的枝条比最左边的枝条细一些，所以要在稍低的地方剪断。

6 完成修剪

为了多开花而按照尽量多保留枝条的原则完成了修剪。整体姿态上，中间比四周稍高，比较美观。

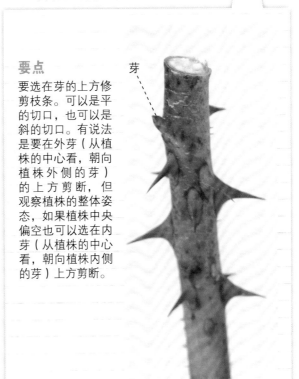

芽

要点

要选在芽的上方修剪枝条。可以是平的切口，也可以是斜的切口。有说法是要在外芽（从植株的中心看，朝向植株外侧的芽）的上方剪断，但观察植株的整体姿态，如果植株中央偏空也可以选在内芽（从植株的中心看，朝向植株内侧的芽）上方剪断。

冬季修剪②
（丰花月季、英国月季、古典玫瑰）

　　虽然各品种有一定的差异，但下面介绍的修剪方法主要针对丰花月季、英国月季、古典玫瑰，以及簇生花类型和枝条向外扩展或弯垂的开花比较多的灌木品种等。

2　剪掉老枝

如果有老枝或枯枝需要剪除。

1　修剪前的状态

图中为富古典风格的丰花月季'波列罗舞'（Bolero）。植株为稍向横向扩展的姿态，且有很多细枝。

3　剪掉受伤的枝条

如果有折断的枝条或受病虫害侵害的枝条也需要剪除。

4 剪掉短小枝条

剪掉图中所示的短小枝条。这样即完成了枝条修整。

6 修剪抽条

将从中央发出的强壮抽条结合周围其他枝条的情况修剪至 1/2 左右的高度。

5 缩剪剩余的枝条

缩剪保留下来的枝条。对于灌木品种，如果在虚线圈的范围中有比较细的分枝也要保留。将整体的高度调整到修剪前高度的 1/2 ～ 2/3，也就是比杂交茶香月季稍高一些的高度。

7 修剪剩余枝条

这样就完成了剩余枝条的修剪。最终结果比杂交茶香月季修剪后的枝条数量稍多，且保留了较多的偏细枝条。

冬季修剪可以去除老枝，保留前一年长出的抽条（新枝），从而进行植株更新。但有一些品种基本不进行抽条更新，对于这种情况必须采取保留老枝的修剪方法。

2 剪除不要的枝条

将枯枝、受伤的枝条及停止生长的短小枝条剪除。

1 修剪前的状态

图中为上盆 3 年的丰花月季'海蒂·克鲁姆'（Heidi Klum）。这种类型不进行抽条更新，只是通过每年枝条变粗及分枝使植株逐渐变大。

3 剪到 2/3 的高度

由于这种类型不进行抽条更新，如果修剪过多会导致枝条损失。保留上部的分枝，将植株整体收缩到之前 2/3 的高度。

4 修剪剩余的枝条

一边观察，一边修剪，调整植株姿态，最终剪成中央部分稍高的效果。

开花状态

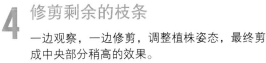

图中为 5 月时，在稍细的枝条上开出很多花的'海蒂·克鲁姆'玫瑰。植株姿态比较紧凑。

选择适合自己玫瑰的修剪方法吧！

关于古典玫瑰的修剪

由于古典玫瑰中包括各种特性和株型的品种，所以修剪方法也不尽相同。对于经常用于盆栽的中国系、茶香系、波旁系和杂交常青系，原则上应采用丰花月季或英国月季的，比较轻度修剪的方法。而其他的品种则不一定要修剪，只需要将枯枝和过于拥挤的部分进行疏剪、整枝即可。

换 土

对于仅在有限的土壤中生长的盆栽玫瑰来说，如果连续很多年都不换盆，易造成根系盘结，影响植株生长而使其不能正常开花。因此，需要每两三年换上新的盆土，称作换土。也有每年换土的说法，但如果是大于8号花盆的成株，则每3年换一次即可。特别是对于'洛布瑞特'（Raubritter）、'博尼'（Bonny）、'泡芙美人'（Buff Beauty）、'征服'（Knock Out）、'阿由美'（ayumi）以及大多数单季开花的古典玫瑰来说，即使不频繁换土也可以开出很好的花来。如果花盆过小可以更换大两号的花盆，但如果已经是大于8号的花盆则可以依然使用同样大小的花盆。适宜换土的时间是11月下旬始霜期直到次年2月。可以换土和冬季修剪一同进行，也可以先换好土，之后再择期修剪。这里介绍修剪和换土一起进行的方法。

2 剪除不要的枝条

将枯枝、受伤的枝条、停止生长的短小枝条剪除。

1 换土前的状态

图中为杂交茶香月季的成株在花盆中种植两三年后2月中旬的状态。由于不需要再加大，所以依然用同一花盆翻盆。

3 剪掉受伤的部分

将干枯或受伤的部分剪掉。

4 缩剪高度

将枝条修剪至原株 1/2 左右的高度（详细的冬季修剪方法请参见第 32 ~ 37 页）。

5 去除所有叶片

老叶片易受到黑斑病等病虫害的侵袭，所以要用手将所有的叶片去除。

6 完成修剪的状态

图中为拔除杂草并修剪后的植株状态。株型比较紧凑，便于之后的换土、换盆。

7 将植株从花盆中拔出

抓紧基干部分，将植株连同土坨一起拔出。如果不易拔出可以用手拍打花盆外面或将花盆横倒下来放平后拔出植株。

8 打散土坨

用小耙子或小叉子从土坨的肩部开始清理土壤。不用把所有土都清干净，主要注意靠近地表部分尽量清理得深一些。剪断伸展过长的根。

9 将植株放回花盆

在花盆中放入少量新土后，再把植株放回盆中。这里虽然最好使用大苗上盆用的土（参见第11页的介绍），但由于成株所受伤害较少，所以也可以直接使用市场上销售的营养土。放入钵底石后会减少放盆土的空间，所以不需要铺钵底石。

10 加足盆土

调整苗的高度和在盆中的位置，使其从上方看枝条位置比较均衡，且使土面稍微埋住嫁接口。在苗周围加盆土，并用木棍插一插以消除土中的空隙。

11 浇水后完成

用手掌挡住水管的出水口，浇水至盆底流出水为止。这样反复浇3次即完成了换土。将花盆放在日照充足且通风好处进行日常养护。

其他日常养护

【病虫害】

10～11月会出现黑斑病、白粉病，蚜虫侵袭等危害，在昼夜温差大的寒冷地区，还会出现霜霉病。病虫害防治要坚持预防为主，防治结合的原则。建议在病虫害发生前期或初期，使用专门的杀菌剂与杀虫剂喷洒防治。

蚜虫

白粉病

【施肥】

通常为每月追施一次缓释型固体肥料，但在花苞着色时应暂停施肥。施肥通常在11月结束。

【剪残花】

如果是正常养护的四季开花品种，一般在10月中旬至下旬开秋花。开花后需要剪掉残花，但不是像春季那样连同一片5叶复叶一起剪掉，而是只剪掉花朵。这样将尽量多地保留叶片，促使植株强壮。如果在比较温暖的地区，12月还可以再次开花。

在剪秋花的残花时，要尽量多地保留叶片。

【浇水】

秋天必须在盆土干后的上午浇水。如果叶片沾水易患病，所以要尽可能避免向植株底部浇水。

春季
(3～5月)
主要养护处理

- ● 准备新苗
- ● 新苗上盆
- ● 摘芽
  摘砧木芽
- ● 盲芽处理
- ● 防治病虫害等

到了3月，玫瑰的芽萌动伸展，开始进入生长期。为了能在5月开出爆盆的美花，还须加强养护管理。与秋冬季节一样，春季也是栽种玫瑰的好时节，4月还可以给新苗上盆。

准备新苗

【什么是新苗】

新苗是指已嫁接好，春季马上开始出售的苗。这种苗与大苗相比，由于嫁接后经过的时日尚少，需要比较耐心地养护，但并不是说新手就不能栽新苗。新苗最大的优点是在植株处于生长期的春季上盆，正确养护的话，大多数都可以顺利养好。由于上盆时无须像大苗上盆那样过多处理根部，所以受细菌侵害的概率也可以小很多，而且通常买来的是有叶或带花蕾的植株，可以在一定程度上确认品种的相应特性。

新苗通常从3月下旬到夏季时节销售。

图中的两株苗都是新苗，但嫁接的方法有些不同。右边为当年1～2月时枝接的苗，左边为前一年夏秋季芽接的苗。

枝接苗

如图所示，这种苗缠有胶带以避免接穗脱落，只要接口没有松动的迹象就是好苗。在操作这种苗时要注意手持胶带以下的砧木部分。

芽接苗

如图所示，在嫁接的地方有一根粗壮的枝条和两根短枝。在嫁接口附近有一些橙色的小叶，这都是正常的生理现象，可以说这是没有问题的好苗。在操作这种苗时注意手持下面砧木的部分。

【新苗的选择方法】

大多数新苗都会有一根枝条并带有花蕾。
选苗时需要尽量选择这样的苗：

① 节间不要过长；

② 叶片长得比较茂盛；

③ 叶片带有光泽；

④ 没有病虫害；

⑤ 整体感觉生机勃勃。

如果同一品种有很多株，尽量避免选择与其他植株明显不同的苗。

这里介绍一些看起来不是很好，但实际上完全没问题的苗，这样也可以具体了解挑选花苗真正需要重视的因素。

分辨好苗的要点

这里的苗与左下图中的苗原理相同，看上去似乎芽收缩得没有了，但实际上植株粗壮，节间没有过度伸展，下部的叶片也比较多。之后随着气温上升一定会茁壮成长。

图中的苗为没有过多在温室中培育，而是在近乎自然的环境中培育的。因寒冷等原因使其顶部停止生长，两侧的芽生长得比较茂盛。可以看到植株的节间较短，叶片也比较多。注意不要选择细高的苗，而要选节间比较短的苗。

图中苗的枝条向横向伸展，看起来不够美观，但某些品种的特性就是横向伸展。这株苗长出的枝条比较强壮，叶片健康，而且下方有很多叶片，可以说是非常好的苗。

新苗上盆

如果是 4 月买来的新苗，应尽快上盆。如果买来后要过几天才能上盆或是 3 月买来的苗，可以先把花苗连同原营养钵一起放在比较深的 6 号花盆中暂存。这种套盆的方法既可以防止花盆被风吹倒，还可以相对保持水分。如果盆土干了应注意浇水。

准备物品
● 新苗 ● 6 号花盆 ● 钵底网 ● 钵底石（或钵底土）
● 配好的盆土或市场上销售的玫瑰专用营养土
● 铲子

2 放入少量盆土

由于新苗上盆时不打散土坨，所以如果不需要自配土时，也可以直接使用市场上销售的营养土。

1 加入钵底网和钵底石

选择相对比较高且比较稳的 6 号花盆，铺好钵底网，再放入约 2cm 高度的钵底石或钵底土。

3 用苗确定栽种高度

把新苗连同营养钵一起放入花盆中以确定栽种的高度。调整高度的标准为：不埋住下面的叶片且露出嫁接口，还要预留浇水空间，使土面与花盆边缘距离 2～3cm。

（要点）

> **要点**
> 如果拔出苗时不小心把根弄断了，上盆后需要将苗的上部进行 2cm 左右的摘心，浇好水后放在避风遮阳处，第二天如果苗没有发蔫即可放到日照好的地方正常养护。

4 从营养钵中拔出苗

用左手指间夹住苗的基干处，把整株苗倒过来，将营养钵从上方拿走。这样的动作不容易破坏苗的土坨。可以看到土坨表面的白色根，说明苗的生长状况良好。

> **要点**
> 新苗的柔弱细根较多，所以不要用插木棍消除空隙的方法。

5 放入苗，加足土

将苗放入花盆中。从上方观察，将苗调整到较均衡、美观的位置，把土加到步骤3中确认好的高度。

> **要点**
> 如果盆土中有空洞，浇水的时候土表会发生塌陷，这时可以拿起花盆在地面上敲一敲，再把不够的地方加足即可。

6 充足浇水

用出水孔很细的莲蓬头充足给水，使土表短暂积水，待水从盆底孔流出后再次浇水，如此反复3次。这样浇水后，盆中的草炭等也可以达到充足吸水的状态。对于新苗来说，由于嫁接时间尚短，所以在入冬前不要去除嫁接胶带。

新苗上盆后

　　上盆后应将花盆放在日照充足的地方。待土表干透后充足浇水。如果天冷且还可能结霜的话，可以在夜间用无纺布遮盖，但早上一定要记得去除遮盖。上盆10天后开始在盆土表面施加缓释固体肥，之后每个月加一次。重要的是，如果出现花蕾则需要都去掉，入秋前不能让植株开花。保持这样的养护一直到9月初，则植株健壮，并可开出很棒的秋花来。

> 3年后就长成很出色的成株了。

摘 芽

对于成株来说，通常 3 ~ 4 月摘芽。玫瑰经常是在一处同时长出 3 个芽，如果放任这些芽则每个都会长成比较细弱的花枝。对于大花品种来说，只能开出很柔弱的花，即使类似丰花月季的簇生品种，也只能开出很小的一簇。所以这时要留下其中最壮的芽，把其他芽都去掉。对于小花品种和古典玫瑰及景观玫瑰来说，原则上不需要摘芽处理。

2 摘掉两侧的芽

只保留中间最强壮的芽，用手指肚捏住侧面的小芽，将其从芽根处整体摘除。注意，如果用指甲掐的话，会不易摘净。

摘下的芽 - - - -

- - - - 保留的芽

摘下的芽 - - - -

1 摘芽前的状态

从枝稍长出 3 个芽，准备蓬勃生长。

3 留下一个芽的状态

图中为保留中间强壮芽的状态。这样养分可以集中在这里而长出强壮的枝条，开出状态最好的花。由于受寒等原因，有时只长出两个芽，这时去除其中小的芽，保留壮芽即可。

摘砧木芽

玫瑰苗通常是在砧木上嫁接接穗而育成的。日本产苗的砧木通常是原生野蔷薇，其他进口苗的砧木大多是疏花蔷薇等。经常 3 ~ 4 月会出现从砧木上长出芽的情况，如果放任不管会使嫁接苗长势减弱，所以需要即时清除砧木芽。

2 掰掉第一根芽

先去掉左边较短的芽。用手指捏紧芽的底部，整体掰下来。

1 砧木芽的状态

如图所示，玫瑰'海蒂·克鲁姆'的砧木上长出两棵芽来，其中右侧的芽较长，已经伸到植株枝条间了。

3 掰掉第二根芽

对于右边的第二根长芽，需要先用剪刀剪到约 10cm 长，再用步骤 2 的方法掰掉，这样就完成了摘砧木芽的处理。

盲芽处理①
（芽较小的时候）

所谓盲芽是指由于受寒或日照不足等造成芽的生长点停止生长的情况。一般不提倡过早去除盲芽，而是让芽生长到一定程度后，再去掉其中一芽。如果盲芽的枝条过多，会发生主枝减少或养分不易向主枝回流的情况。盆栽时较容易出现盲芽，所以需要经常观察植株状况。

2 捏住芽

同时摘取左侧的两个小芽。用手指肚捏紧芽。

保留的芽 ------

处理掉的芽

1 芽的状态

图中为已经进入开花期的植株。这时应保留右边的芽。这样可以不分散植株的养分而使剩下的芽强壮起来。

3 摘取芽

用手指捏紧两个芽，从芽根部摘取干净。这样右侧长出的有花蕾的枝条就可以健康生长了。

盲芽处理②
（芽长大以后）

还有一种方法是等芽长到一定程度后再进行处理，这样可以比较清晰地分辨出要保留的芽和要去除的芽。

推荐选用这种芽长出一些后再处理的方法。

2　用手指捏住枝条

用3根手指捏紧枝干，使枝条底部弯曲。

1　不急于处理而已经长大的芽

如果不处理盲芽而让其长大一些，则会长成枝条的样子。图中有花蕾的枝条长得较高。

3　摘除枝条

将长出的芽从底部整体摘除。去掉后，红色的有花蕾的新芽依然留在上面，这样养分就会集中到这里而开出美花来。

施肥

盆栽玫瑰通常 3 ~ 11 月应该定期施肥，可以施用有机肥和无机肥。

【基本调配肥料】　　　## 【液体肥料】　　　## 【固体骨粉】

油粕和鱼粉各一大勺，用水调匀后捏成球状放在花盆边缘即可。这种肥料价格比较划算，如果盆栽数多，建议用这种施肥方式。

在生长期时使用这种肥料非常方便，其中加入了铁等微量元素。正常生长情况下每周一次，在浇水时按标注量混在水中施用。

如果盆栽数量比较少，则用这种肥料比较方便。在 3 ~ 11 月每个月施一次。6 号花盆放 2 个，8 号花盆放 3 个，放在花盆边缘即可。

叶片周围发黄，有点像烧焦的样子。

避免施肥过多致伤

玫瑰主要施用有机肥料。如果化肥过多会使植株变弱并易引发病虫害。如果化肥中的含氯成分积蓄过多，则会造成"烧叶"。注意，如果将这个现象误认为是肥力不够，可能会由于肥量过多而影响生长。

防治病虫害

从3月下旬起病虫害开始出现，可以喷洒杀虫剂和杀菌剂进行防治。注意花盆不能直接放在地面上，且要加大花盆之间的距离，以保证良好的通风。

如果常备了预防黑斑病、白粉病等的杀菌剂和防治蚜虫等的杀虫剂，遇到问题就可以马上采取对策，不失为防范于未然的好办法。这些药剂对于通常病虫害侵害较少的阳台种植和盆栽数量不多的情况，基本可以解决问题。

Flora guard AL

兼顾预防和治疗效果的玫瑰黑斑病、白粉病专用药。其渗透性使有效成分可以到达植株的每个角落，图中为920ml的手喷壶商品。

全效喷雾剂

这是对蚜虫、叶蜂、红蜘蛛，白粉病、黑斑病有效的全效杀虫杀菌剂。图中为950ml的手喷壶商品。

其他日常养护

【浇水与花盆的摆放位置】

对于成株的盆栽大苗，从3月起进入生长旺盛时期。要将花盆摆放在光照充足的地方，并在土表干透后浇水。春季若遇"倒春寒"，就尽量不要浇水了，因为低温多湿会使植株根系变弱而易染病。另外，3～4月如果持续较冷的阴雨天气，有可能会出现霜霉病，这种情况下需要将植株移到房檐下养护。

【支架】

有些人一看到枝条伸展开来就搭起支架支撑，但除了藤本品种需要造型以外，其他品种如果过度设置支架会导致枝条伸展得比较柔弱。所以请尽量不要设置支架，让植株自身强壮起来吧。

通过良好的日常管理来为花开爆盆做足准备吧！

初夏 ~ 夏季
(5~9月)
主要养护处理

- ● 选择开花株
- ● 剪残花
- ● 处理基部抽条
- ● 夏季修剪
- ● 新苗整枝
- ● 防治病虫害等

玫瑰从初夏开始开花，且植株开始长出新梢，继续长大。在梅雨季节和盛夏季节需要特别注意浇水和防治病虫害，以培育出健壮的玫瑰植株。8月下旬还需要进行夏季修剪。

选择开花株

【什么是开花株】

开花株是已具备开花状态的盆栽植株。通常5月开始上市，对于想轻松种植玫瑰或是想尽快拥有成株的人来说，推荐此时购买。

这样的植株由专业人士养护到开花的程度，总体来说都是状况不错的。但其中也有优劣的差异，所以也需要用心挑选。一些花盆变色或是生了杂草的最好不要买，因为这通常都是在卖场放置过长时间造成的。

买来的开花玫瑰可以在5月开花后，在不破坏土坨的状态下换到大一些的花盆中，当然直接养到秋季后再换盆也是可以的。

市场上销售的开花株，6号花盆最常见。

这里有很多盆栽玫瑰，如果你有喜欢的品种，买回来可以马上赏花。

【挑选盆栽玫瑰的方法】

在同一品种中比较

一般的盆栽玫瑰

图中为'比佛利'（Beverly）的开花株，花蕾数量和下图盆中的差不多，甚至还要多一些，而且有比较大的花蕾。但没有特别优秀的枝条，每根枝条的强壮程度都只能打50～60分。如果品种相同，还是推荐选择下面的一盆。

满分枝条

好的盆栽玫瑰

同是'比佛利'的另外一盆。植株底部长出很多叶片，而且也有很多花蕾。最重要的是左侧有一根节间紧凑的强壮枝条非常优秀。只要有一根这样的"满分枝条"，植株整体就能长得充满活力。

植株整体的角度

正面

图中为'蒙娜丽莎的微笑'（Sourire de Mona Lisa），底部长有很多叶片，而且有很多大花，从正面看是很好的植株。

背面

从盆花的背面看会发现，左侧及其他的枝条都偏细，虽然不算是不好的植株，但如果有更强壮的枝条就更理想了。因而挑选时需要从各个方向确认植株的状态。

玫瑰开花结束后需要剪掉残花促使养分向枝叶回流。特别是对于四季开花的品种来说，越早剪掉残花就越有助于长出下一茬芽。虽然每个品种有一定的差异，但通常如果剪掉 5 月的头茬花则需 40 天左右就可以开二茬花了。

【剪单花的情况】

基础剪法

1 定位

图中为正在开花的'海蒂·克鲁姆'玫瑰。花后要尽快剪掉残花，从花下的 5 叶之上剪断，即剪下的部分上没有 5 片小叶的羽状复叶。

2 剪后的状态

对于四季开花品种来说，只剪到这个程度就可以了。如果剪得过多会使新芽萌出较慢而影响二茬开花。但对于单季开花的品种来说，通常是在花枝的中间部位剪断。

插花剪法

1 剪之前的状态

图中为'暗恋心'的植株。若想把盆栽的花剪下来做鲜切花，虽然把花枝整根剪下来可能是最满意的，但这样会给植株带来不好的影响。

2 剪得稍短些

通常在剪下来的枝条上会带有一两片 5 叶复叶。如果剪得过长，会过多削减植株的活力，所以从植株整体角度考虑需要尽量剪得短一些。

【簇生品种的情况】

逐朵剪掉的情况

1 残花的状态

在一个花枝上开多朵花的情况称为簇生，有的品种甚至一簇上有几十朵花。图中玫瑰'春风'的一簇中同时混着开得正盛的花朵和已经开败的花朵。

2 剪后的状态

在开败的那朵花下面剪断，即只剪除单朵残花。保留同一簇上其他没开的花蕾，等开败后再一一剪掉，以此维持花簇的良好状态。

全部剪掉的情况

1 残花的状态

这是与左图中相同的品种'春风'。有时可能因没有时间等原因没能将残花逐朵剪掉。

2 剪掉整簇

从花簇带一片5叶复叶的下方剪断。

处理基部抽条

所谓基部抽条是指花后（一些较新的苗也有可能是开花的同时）从植株基部长出的较粗的新枝，这将是第二年以后的主干枝条。如果对基部抽条放任不管，会长出很多侧枝，影响其成为强壮的主干。所以要在基部抽条长到30cm左右时在枝干摘心，如果上面有芽长出来还要摘心，这样反复两三次即能打造出出色的主干来。这项处理是针对杂交茶香月季和丰花月季的，古典玫瑰和英国月季不用进行这种处理。

A枝

2 用3根手指捏住

给A枝摘心。由于枝条过长，所以用拇指、食指、中指一起捏住枝干5cm左右，5叶复叶的上方位置。

要点

上图为A枝的局部特写。可以看到在5叶复叶的叶柄基部已经长出了小的侧芽，说明处理的时机已经有些晚了。通常在这种侧芽长出之前且枝条再短一些的状况下就应该处理好了。但即使晚了，这项处理也是非常必要的。

1 处理前的状态

图中为杂交茶香月季品种盆花处理前的状态。其中有A和B两根带红色的基部抽条，这里将对这两根抽条摘心。

要点

用中指顶要折断的位置将枝干掰折下来。不要用剪刀剪，且折断后不要摸断口处，以防止细菌感染。

3 摘心后的状态

弯曲枝条，用指肚顶断枝干。注意不要用指甲掐。

5 枝干摘心

与步骤3相同，捏住枝干3cm左右的位置用指肚顶断。

B枝

4 B枝处理前

下面处理长到30cm左右高度的B枝。通常应该在长到这个程度时处理为佳，此时也还没有长出侧芽来。

要点

这种用手指折断柔软枝干的方法叫作软摘心。反复几次软摘心后折过的痕迹就不是很明显了，这样即可打造出一根很出色的枝条。

6 处理结束后的植株

图中为结束摘心后的状态。从断口附近的叶柄基部会发出强壮的芽。这样的芽长到30cm左右时再进行摘心。

夏季修剪①
（杂交茶香月季的成株）

在8月末至9月上旬（较冷的地方为8月下旬）进行夏季修剪，这主要是为了让杂交茶香月季和丰花月季可以在10月中下旬开出美丽的秋花。对于四季开花的品种来说，剪去残花后到下次开花之间的时间称为"倒花日数"。我们姑且不论品种及气候条件的影响，将这个日数概算为温暖地区40天左右。如果修剪时间过早，会在9月中旬的余暑之中开出比较柔弱的花，如果修剪过晚则会因为气温下降而拉长倒花日数，甚至因受寒而无法开花。

夏季修剪不需要修剪所有的枝条，只要修剪枯萎的部分及第三茬花的枝条，较细和较短的枝条保留不剪。

2 剪掉三茬花枝条的1/2

在开过三茬花的枝条约1/2高度处，选取5叶复叶之上剪断。注意这里不是指整体植株高度的1/2。切口的方向为平口或斜口都可以。如果发现枯枝也要剪掉。

> **要点**
> 英国月季、四季开花的古典玫瑰及景观玫瑰不用进行夏季修剪，仅剪残花即可。

1 修剪前的状态

图中为基本长成成株的'亨利·方达'（Henry Fonda）。这个品种本身就比较紧凑，所以没有长得过于繁茂。

3 其他枝条也剪到1/2的长度

其他的三茬花枝条也用相同方法修剪。

要点

原则上是将枯枝和短小枝从枝条基部整体去除，但通常我会保留短小枝。因为短小枝的叶片可起到维持植株营养的作用，而且保留尽量多的枝条，可以降低因病虫害或台风而损失所有秋花的风险。

4　即使尚在开花也剪断

即使尚在开花，也要剪断这里的枝条。因为这根枝条较短，即使开花也比较柔弱。同样保留枝条1/2的长度修剪。

要点

如果所有枝条都一起修剪整齐则秋花会一同开放，相应的观赏期也会较短。如果保留一些枝条不剪，虽然同时开的花可能不是很多，但可以延长开花时间。而且通过错开开花时间，还可以分散因病虫害及台风等受侵害的风险。

5　有花蕾的枝条也剪掉

按照步骤2的方法修剪带有三苍花花蕾的枝条。

6　保留停止生长的芽

有些枝干由于暑热等原因会出现停止生长的芽，这在地栽时通常要去掉，但对于盆栽来说可保留这样的芽。

7　完成修剪

图中为完成修剪的植株。虽然有一些品种差异，但通常在修剪后40天左右会开出秋花。

1 修剪前的状态

图中为'比佛利'的成株。虽然属于杂交茶香月季，但能发出许多小枝，植株整体呈茂盛的灌木状。近年来这种类型的杂交茶香月季非常多见。

> **要点**
>
> 抽条过长的枝条开花会比其他枝条需要更长的时间，如果想要让它在秋季一起开花，就需要提前一周左右修剪这根枝条。

2 修剪抽条

将长出很高的抽条剪短至 1/2 的长度。

3 修剪三茬花的枝条

对于开了三茬花的枝条，要从枝条 1/2 长度处选取 5 叶复叶的上方部位剪断。

4 修剪其他枝条

用步骤 3 的方法将其他三茬花枝条修剪至 1/2 的长度。由于是灌木型，所以植株内侧也有枝条，这里不用处理内侧的枝条，只修剪向植株表面伸展的花枝和抽条即可。

5　修剪基部枝条

不要忘记从植株基部发出的三茬花的枝条。修剪方法同其他枝条，也修剪至 1/2 的长度。

7　完成修剪

图中为完成修剪后的状态。仅修剪了植株表面的枝条，内侧的枝条都没有修剪。

6　去除受伤的叶片

去除枯叶和受伤的叶片。如果植株内侧有受伤的叶片，也要一并去除。

单季开花古典玫瑰的夏季整枝

　　大马士革玫瑰、阿尔巴玫瑰、千叶玫瑰、高卢玫瑰等单季开花的古典品种，只会在春季轰轰烈烈地开一次花，之后就开始旺盛地伸展枝条。通常要在 8 月中旬将枝条修剪至 1/2 的长度，从修剪的位置会长出新的枝条而在次年春季开花。如果枝叶过于繁盛，可以用麻绳等松松地将枝条收拢起来。

夏季修剪③
（紧凑灌木型）

要点

对于灌木类型或微型玫瑰品种来说，修剪时无须考虑5叶复叶的位置，决定了整体植株高度后直接剪下去即可。这里的植株由于枝条稍微下垂，所以将其剪成了蓬松的圆形。

1 修剪前的状态

图中为枝条紧凑繁盛、陆续开花的景观玫瑰'甜蜜漂流'（Sweet Drift）。虽然可以采用陆续剪除残花的方法养护，但也可以试试通过修剪让其秋季一起开花。

3 把植株调整出圆形曲线

这里将纷乱的株型整成圆圆的感觉，不用考虑太多，按形状修剪即可。

2 保留 2/3~3/4 的高度进行修剪

将植株修剪为整体高度的 2/3 ~ 3/4，花和花蕾要同时修剪掉。如果有枯枝和受病虫害侵害的枝条也要剪掉。

4 完成修剪后的状态

图中为修剪后的植株状态。如果摆放在较高的位置或放在吊篮中，可以把前面的枝条留得长一些，做出垂下来的效果。

夏季修剪④（患病后复活的植株）

受到病虫害侵害的植株，落叶多且植株体力变弱，所以不进行修剪，只去掉枯枝和受伤的部分即可。对于处于恢复期的植株，即使已经开始长叶，也暂时不进行整枝处理。

2 对新枝干和比较突出的枝条摘心

将植株表面的新枝干用手指摘去 3cm 左右。图中左上方的枝条也进行摘心。一些小芽、细枝及植株内侧的枝条不用处理。

1 患黑斑病后复活的植株

图中为受到黑斑病侵害而掉了很多叶片的杂交茶香月季植株，通过喷洒药剂等处理后，再度长出新叶片。

3 完成整枝

如果按照这个状况新枝继续生长，秋季就可以再度开花。

对春季种植的新苗整枝

春季种植的新苗，如果一直进行摘蕾，此时应该已经长得很强壮了。如果9月上旬之前一直坚持这样的操作，则不需修剪，之后可以不再摘蕾而让秋花绽放。但对于没有坚持摘蕾的情况，则需要参照如下步骤进行轻度整枝。

2 对基部抽条摘心

图中所示的是夏季至初秋发出的基部抽条，对其应进行摘心，即用手指捏住枝干部分3cm左右的长度瓣折去掉。

3 完成摘心

将基部抽条用手指捏住瓣除，注意不要用指甲掐，也不要摸断口处。

1 没有持续摘蕾的植株状态

图中为春季种下的'焦糖古董'（Caramel antique）。摘蕾持续到8月中旬，之后没有再摘蕾。

4 修剪带有花蕾的枝条

对于带有花蕾的枝条，在其 1/2 长度的地方选取 5 叶复叶之上的位置剪断。

6 完成整枝

由于植株正处于生长中，故不要过重修剪，只需配合摘蕾进行轻度整枝，尽量保留叶片。

5 剪掉另外一根枝条

再将另外一根枝条剪到 1/2 的高度。剪掉的花枝可以插在花瓶里观赏。

根据植株状态来选择修剪和整枝的方法吧。

徒长植株的再生

在赏过 5 月花后,只要坚持浇水,即使放任不管,大多数植株也都会旺盛生长。如果是四季开花的品种,只要在初秋时稍加打理,秋季仍可能开花。一定不要放弃它们!自己动手挑战一下。

> **要点**
> 由于是没有打理的植株,所以不是按照剪残花的方法从 5 叶复叶上方剪,而是用在植株上留叶片的方法修剪。原则是尽量保留叶片以保存植株体力。

2 剪掉果实和抽条

由于没有及时剪掉残花而结成了果实,这时需要整簇剪除。可以在抽条 1/2 的高度或再偏下的位置剪断。如果剪断位置过高,可能会影响植株整体的平衡。如果剪得过低,从抽条长出的枝条可能会偏细。

1 缺乏打理的植株状态

图中为 5 月开花后没有进行打理而结出果实的植株。植株长势旺盛,中央长出了很长的抽条。对于盆栽来说,这种情况下可以修剪得稍重一些。

3 完成打理的状态

剪掉正在开放的花,除掉枯枝和杂草,然后充分浇水,施固体肥料期待秋花。

藤本品种生长期养护

对于刚种好的花苗来说，主要是将长出的枝条直接牵引至支架上。四季开花的藤本品种出现花蕾时，不能让其开花而要摘蕾。如果是已经长为成株的藤本品种，则要将春季花后长出的抽条维持直立的状态牵引到支架上，然后在冬季再弯曲牵引到花架上。对于非抽条更新类型的藤本品种来说，应在长出新的短枝时直接将其牵引到花架较空的位置上。

2 保留抽条

用麻绳等将其绑在花架上比较空的地方。

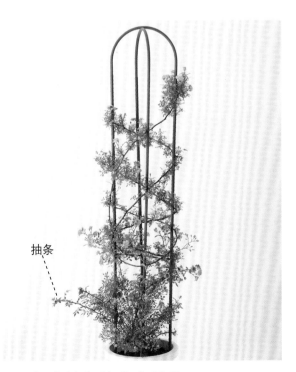

抽条

1 长出抽条的藤本品种

图中所示为抽条更新较少的'宇部小町'。可见从植株基部发出了抽条。

3 完成

每当长出新的枝条时都要做这项处理。

防治病虫害

梅雨季节多发黑斑病。染病后叶片上开始出现斑点并蔓延到整体植株，导致叶片变黄、掉落并削弱植株体力。需要预防性喷洒药剂，并将植株摆放在房檐下等淋不到雨的地方，还要将花盆之间拉开距离以保证通风。如果发现症状需要及时使用含有嗪胺灵的药剂，连续3天，每天喷洒3次。如果露天淋雨的话会扩散感染，所以要在无雨的时候喷洒，以尽量避免扩散。

另外，盛夏在阳台栽培还易多发红蜘蛛，可使用专门的药剂进行防治，梅雨季节喷药时如果混合杀螨的药剂，可以有效避免盛夏时的大规模爆发。

染黑斑病的叶片

受红蜘蛛侵害的叶片

【微型玫瑰的红蜘蛛处理】

1 带有红蜘蛛的植株

图中为受到侵害的植株。叶片变得较脆、较黄并开始掉落。用放大镜观察叶背会发现密密麻麻的红蜘蛛。

2 用高压的水冲洗叶背

在7～8月晴天的中午时分，把花盆倾斜过来，按住部分水管出口，用高压水瞄准叶背冲洗，要把所有的叶片都冲一遍。

3 摘蕾

开花再加上红蜘蛛吸食植物汁液的双重因素影响，会使植株变弱，所以要摘除花蕾。

5 冲洗叶片，完成操作

晴天时，每天重复步骤 2 中的操作 3 次，这样处理 3 天即可驱除红蜘蛛。

4 摘花

与步骤 3 的理由相同，需要将正在开放的花朵全部摘除。

认真处理后就期待复活吧！

其他日常养护

【梅雨与暑热对策】

春季开花后迎来阴雨连绵和光照不足的梅雨季节，其后又是艳阳高照的高温干燥天气和持续不断的余暑天气，因此对于玫瑰来说，5月下旬至9月初一直持续着非常难熬的季节。梅雨季节时，需要把花盆移至房檐下及其他淋不到雨的地方，并在花盆底部垫上砖头等防止过湿。

盛夏季节则需要预防暑热。为了防止盆土过干，可以用砖头围在花盆周围摆成一圈或垫高花盆阻止暑热导入。浇水时可以把周围的砖头也浇上水。

【浇水】

梅雨季节容易忘记浇水，但还是要注意观察，如果盆土表面干透后需要充分浇水，如果多数叶片发黄则说明整体缺水了。进入8月后持续高温干燥的天气，需要早晚各浇一次水。

盛夏时节需要尽量选择气温偏低的时候浇水。

【施肥】

延续春季的方法，每月加一次固体缓释肥。为了能在9月长出抽条及开出效果好的秋花，需要尽量调整在8月中旬追肥。

夏季也要坚持每月一次施固体缓释肥。

MY ROSES 玫瑰专用肥料

可以用于底肥和追肥的小粒肥料。施肥后马上起效，肥力可以持续两三个月。

玫瑰专用放置型肥料

调配了玫瑰所需的肥料成分和微量元素的药片型肥料，可以持续稳定奏效一两个月。

玫瑰养护问答　大师坐镇，有问必答

玫瑰养护 Q&A

请大师来解答玫瑰养护的常见问题！

 Q1 枝条上满是介壳虫怎么办？

 A 在幼虫期和成虫期喷洒相应的药剂。

近年来开始出现白色的玫瑰介壳虫，严重时会导致植株枯死。通常是用牙刷等刷净，但一个月后又复发了。需要在幼虫活动的初春喷洒杀虫剂速扑杀活，也可在冬季成虫阶段喷洒机油乳剂类药剂。

图中为受介壳虫侵害的枝条。需要尽早发现并喷洒药剂。

ボルン

其成分为对介壳虫有较好防治效果的机油，是专用于防治介壳虫的气雾剂。除新芽展叶期外任何时期都可以使用。

 Q2 给玫瑰换土的时候从盆底出来好多大个的幼虫。

 A 驱除成虫是最有效的。

这应该是金龟子的幼虫。这些虫子因啃食根系而影响植株生长，有可能造成植株枯萎。在郊外或山区，通常成虫会将卵产在土壤或堆肥中，如果使用了这样的堆肥等植株就会遭到侵害，所以需要将盆土或堆肥的袋口扎紧。如果确认有虫害，则需要向根部浇水，促进发根，且不能让植株开花，避免给植株造成过大的负担。捕杀成虫是很有效的方法，可以设置专门的信息素诱捕器，喷洒吡虫啉也可以让成虫从花木上掉落下来。金龟子不喜欢潮湿，尽量让植株不要过干。

图中的花应该是被金龟子啃食过的。

Q3 可以采用无农药方式栽种玫瑰吗？

A 营造出好的环境并选择抗病性超强的品种。

如果你对病虫害留下的痕迹不是很在意，而且不拘泥于每朵花都要很美丽，那么无农药栽培玫瑰也是可能的。无农药栽培的前提是不密植、种植环境好，而且要尽早发现病虫害、改善土壤排水、避免多肥、花后及时调整、勤剪残花等，需要准备比较好的养护环境和掌握比较全面的栽培技术。选择类似'征服'系列、'婚礼钟声'（Wedding Bells）、'波列罗舞'（Bolero）、'齐格弗里德'（Siegfried）等抗病性强的品种也是成功的秘诀。

近年来市场上也在销售一些草药类防治病虫害的商品。此外，还可以放铜线驱除蛞蝓（鼻涕虫），或用牛奶、辣椒水杀红蜘蛛等，这些都是不依靠农药防治害虫的方法。

但需要注意的是，即使是草药，既然具有杀虫、杀菌的作用就不一定是完全安全的。而事实上一些已经开发使用成熟的农药都是符合安全标准的，且比一般家用杀虫剂的效力还要弱一些，只要按照标注的倍率稀释喷洒，就可以保证安全并种植出魅力四射的玫瑰。

'征服'

具特别强的抗病性，耐干旱。除了此花色外，这个系列还有7种花色。

Q4 我住的地方夏季最高气温近37℃，如何养好玫瑰？

A 可以考虑让玫瑰在夏季不开花。

最重要的是，把玫瑰养得足够强壮以顺利度夏。首先要注意避免落叶，即在梅雨季节防止发生黑斑病。花后追肥可能导致发出较细的枝条，这样的枝条容易在酷暑时掉叶，所以不推荐这种追肥。另外，8月开第三茬花前，如果植株比较弱，则要摘蕾不让其开花，以养壮植株。

Q5 如果在较冷的地区种植玫瑰需要注意什么？

A 一些抗病性强的品种通常也具耐寒性。

首先，要选择'蒙娜丽莎的微笑'、'花园玫瑰'（Garden of Roses）等耐寒性强的品种。其次，要采取寒冷区域的栽培方法，即剪秋花、残花的时候仅剪花朵，尽量保留叶片以备过冬。晚秋时向植株基部培土，春季去掉这些土。雪化时施冬肥，深植花苗，以保护植株基部。

Q6 我的'冰山'养得很用心，但就是不长出抽条来，该怎么办?

A 有些品种本身的特性就是不易发出抽条。

似乎有很多人认为种植玫瑰就应该每年保留抽条而去掉旧的枝条。这样通过抽条更新而使植株保持年轻、蓬勃生长的思路是对的，但并不是所有的玫瑰都适用抽条更新。对于'金兔'（Gold Bunny）、'微笑'（emi）、'金品'（Goldelse）、'花园玫瑰'、'小特里阿农'（Petit Trianon）、'芭兰多'（Bailando）等品种来说，基本不进行抽条更新。也有一些类型仅有少量的抽条更新，'冰山'即是其中之一。这类玫瑰的旧枝每年会变粗，植株比较强壮，可以说寿命比抽条更新的品种更长一些。对于这种非抽条更新的类型，不能在冬季修剪时剪去老枝或过重修剪，只需轻度剪去植株的1/2~2/3，尽量多留一些枝条。另外上盆后3年左右易长出抽条，所以要在梅雨季节之前或出梅后稍多浇水以促进发出抽条。

'冰山'

这是在全世界都非常著名的品种，但不易更新抽条。

Q7 不清楚玫瑰的品系怎么办?

A 先顺其自然养护，然后判断株型。

根据特性、株型及育成年代等不同，玫瑰有各种品系。如杂交茶香月季在夏季修剪时剪到株高的1/3，冬季修剪时剪到株高1/2的修剪原则，通常都是按照品系来操作的。而对于古典玫瑰来说，品系较多且各品系的修剪方法也不尽相同。

如果不知道自己所种玫瑰的品系来源，可以先试着任其自然伸展，如果枝条向上直立生长，通常是杂交茶香月季等的直立品种；如果向上生长后自然向外垂，应该就是灌木株型的品种。直立品种通常在冬季修剪时剪到株高1/2的高度，灌木品种则留得稍高一些并保留细枝。如果剪到1/2的高度后春季不开花则可能是大马士革玫瑰、阿尔巴玫瑰等古典品种，这些品种在冬季不应进行大规模修剪，只需将夏季长出的枝条简单整枝即可。

不要怕失败，一定能把玫瑰养得非常出色!

可以爆盆的
170 个玫瑰品种

玫瑰目录

从最新品种和经典品种中
特别选出 20 个隆重推荐的盆栽品种
——玫瑰大师的栽培手记——

◂p75

助你找到中意的玫瑰
按花色分类 品种目录

< 栽培习性标识解读 >

黑…不易患黑斑病

白…不易患白粉病

红…不易受红蜘蛛侵害

寒…耐寒性强

暑…耐暑性强

阴…半日照条件下可以
正常生长

杯状花 /	花形
花径 6cm /	花朵直径
株高 1.8m /	株高
直立型 /	株型
四季开花 /	开花习性
Fl /	品系
淡香 /	芳香味道

< 栽培品系标识解读 >

B…波旁、Ch…中国、HP…杂交常青、N…诺伊赛特
Pol…小姐妹（古典玫瑰）、HMsk…杂交麝香（原生系自然杂交品种）
Cl…藤本、Fl…丰花、HT…杂交茶香、Min…微型
MS…现代灌木、En…英国月季（现代月季）

特别选出 **20** 个隆重推荐的盆栽品种
~ 玫瑰大师的栽培手记 ~

特点

黄色玫瑰通常易患黑斑病，但这个品种的出现一改以往的普遍认知，是不易患黑斑病和白粉病的品种。特别推荐给希望低农药状态下栽种黄色玫瑰的爱花之人。花形为绒球形，叶片偏黄色，非常明快。

株型

虽然是灌木株型，但即使在冬季修剪时剪到仅剩30cm高，枝条也可以长到2m长，可以作为藤本品种使用。由于原本是灌木株型，所以枝条伸展后坐花效果和观赏效果更好。最适合在盆栽时牵引到花格或阳台的栏杆上，注意要将枝条向斜上方牵引。

养护方法

从6号花盆开始种植，逐渐换大花盆，最终使用盆口直径30cm左右的花盆。第一年让长出的枝条自然攀爬，第二年开始修剪。即使在冬季修剪时剪得非常短，夏季枝条也会长出1m以上的长度，所以如果想要养成比较紧凑的株型，冬季还要把它修剪得更短。肥力不足会造成花色较浅，所以在出芽期要给足有机肥。花后要给两次液肥，以促进发出新的枝条。

黑 白 红 寒 暑 阴

杯状花 / 花径 6cm/ 株高 1.8m/
直立型 / 四季开花 /Fl/ 中香

'浪漫贝尔'
Belle Romantica

'蒙娜丽莎的微笑'
Sourire de Mona Lisa

特点

花色绯红，四季开花，坐花状况非常好。抗病性十分强，易栽培。上盆后第一年，枝条即可伸展 1.5 ~ 2m 长。灌木株型，叶片为带光泽的半光叶型。刺少，枝条柔软，易打理。

株型

株型为典型的横向扩展型。如果将其作为直立型造型则不要搭支架，否则会一味伸展枝条而不发新枝，且会由于顶芽优势作用而只在顶端开花，无法展现该品种的优势。

养护方法

即使冬季剪得非常短，枝条也会像藤本品种那样伸展，可以将其固定在栏杆上。在枝条超过 1m 长以后坐花效果和整体平衡状态最好。第一年会长出很多基部抽条，但之后的抽条更新逐年减少，所以不要剪掉旧枝。植株造型的要点：保留旧枝和细枝，让其逐渐变粗。花后尽早剪掉残花，盆栽时不要剪得过重，通常带一片 3 叶复叶或 5 叶复叶一起剪掉便很快可以复花。

黑 白 红 寒 暑 阴

杯状花 / 花径 9cm/ 株高 1.5m/
横向扩展型 / 四季开花 /Fl/ 淡香

特点

花型偏古典风情，但叶片有光泽且具一定厚度，不易患病。虽然是灌木类，但其四季开花性较一般的灌木品种强很多。

株型

株型松散，枝条横向伸展，植株在较早的时期就可以长得非常健壮了。木质化枝条很多，枝条朝 45 度斜上方笔直生长，且容易造型。冬季将枝条修剪至 1m 左右的长度，可以将枝条上部固定在栏杆上。如果想要造型成灌木的形式，可以剪至 70cm 左右的高度。

养护方法

植株长势强劲，每年会长出新枝而自行为植株造型，所以施肥次数可以稍减。只要不是人为造成脱水等情况，通常不会发生枯萎，最适合没有时间打理或是想要无农药栽培的爱花者。如果想要增加开花次数，需要将花盆摆放在环境适宜的地方，让其尽早开出春季第一茬花，之后尽快剪去残花，这样可以一直持续开花到 12 月上旬。如果冬天没有落叶，不要强行去掉叶片，可以让其一直维持至次年。

黑 白 红 寒 暑 阴

杯状花 / 花径 6cm/ 株高 1m/
横向扩展型 / 四季开花 /Fl/ 淡香

'芭兰多'
Bailando

'粉色漂流'
Pink Drift

特点

在花瓣边缘粉色的衬托下黄色花蕊显得格外可爱。在易打理的'漂流'系列中，这个品种的坐花状况最好。作为巴葛蒂尔国际比赛中的获奖品种，是法国玫昂公司的得意之作。

株型

株型为紧凑的灌木型，枝条向上生长后向横向扩展，自然蓬松地收敛在高50cm、宽80cm的空间内。可以在高一些的花盆里同时栽种几株。

养护方法

会在很短的周期内陆续开花。由于这是花瓣自然掉落的自洁类型，所以不需剪掉残花。入冬前会不停地开花，如果想在秋季获得一同开花的效果，可以在8月下旬时简单修剪上部的枝条，修剪时不考虑芽的位置也完全没有问题。秋花颜色清亮，花径可达5cm，比春花更胜一筹。

对黑斑病的抗病性非常强，也不易受红蜘蛛侵害，与宿根花卉组合栽培或位于半日照的环境下都可生长良好。虽然没有特别需要注意的事项，但由于其长时间持续开花，所以不要忘记追肥。如果是6号花盆栽培需每月加一次固体肥料，大花盆栽培则需每两个月加一次。

黑 白 红 寒 暑 阴

单瓣状花 / 花径 3 ~ 4cm/ 株高 0.5m/
横向扩展型 / 四季开花 /MS/ 淡香

'洛布瑞特'
Raubritter

堪称最健壮的品种
甚至可以存活 20 年

　　植株寿命非常长，抽条更新少，高温条件下完全不长抽条或长很短的抽条。做过一次枝条牵引后，再长出新枝仅需将其牵引到空处，留 1 芽或 2 芽剪短即可。枝条可以呈直角状弯曲，这样可以固定得比较稳固。最佳的牵引时间是在圣诞节刚过的时候，如果元旦后再打理的话可能会导致出芽困难，这点要特别注意。该品种的耐热性稍差。

杯状花 / 花径 4 ~ 5cm/ 伸长 1 ~ 2m/
藤蔓型 / 单季开花 /MS/ 淡香

'乔治·贝斯特'
George Best

终于等来了抗病性强的
微型月季

　　该品种抗黑斑病和红蜘蛛的能力非常强，可长出很多直立枝条，植株十分强壮。如果细枝过多会影响开花效果，所以需要在修剪时剪至一半的高度。由于长势比较强劲，因此只需要少量施肥，每两三个月加一次缓释肥即可。但在 3 月初的出芽期和春花即将结束时，应把握时机及时施肥。

半翘角高心状花 / 花径 4.5cm/ 株高 0.6 ~ 0.8m/
半直立型 / 四季开花 /Min/ 淡香

'亚斯米娜'
Jasmina

最适合配合
拱门造型的盆栽品种

　　由于花朵稍向下方开放，所以可以牵引在拱门上从下方欣赏。尽量让花开在比视线稍高一点的位置。如果开在低处，花茎低垂可能赏花效果不佳，可以让其垂在阳台的栏杆外面，这样从外面经过的人会感觉非常惊艳。枝条弯曲时开花效果好。冬季不需要解开之前的牵引，只需把新长的枝条牵引到空处即可。

杯状花 / 花径 5 ～ 7cm/ 伸长 2 ～ 3m/
藤蔓型 / 反复开花 /Cl/ 浓香

'宇宙'
Cosmos

对寒冷及黑斑病抵抗力强
基本可以无农药栽培

　　生长相对平稳。对黑斑病的抵抗力非常强，耐寒性优秀，基本可以无农药栽培。苗早期会长出抽条，可以在冬季将伸展的枝条牵引到支撑物上。如果不希望枝条向上伸展得过多，可在第一年冬季修剪时剪到60cm 的程度，次年剪到 80cm 左右。栽培几年后植株基本不再长出抽条。注意如果过量施肥易发白粉病。

圆瓣高心状花 / 花径 8cm/ 株高 1.5m/
横向扩展型 /Fl/ 中香

'格拉米城堡'
Glamis Castle

修剪时要注意
细枝也要保留

枝条偏细，植株纤细且不进行抽条更新。株型紧凑适宜盆栽。如果总是剪掉细枝，枝条会越来越少，要注意保留枝条。上盆第一年时需要将细枝上的花蕾适当摘蕾以优先保证植株生长。花后马上剪掉以利于枝条生长。8 月下旬进行轻度修剪则 10 月可以开秋花。

（黑）（白）（红）（寒）（暑）（阴）

杯状花 / 花径 6 ~ 7cm/ 株高 0.9m/
横向扩展型 / 四季开花 /En/ 中香

'帕特·奥斯汀'
Pat Austin

控制化肥的量
稳步培育

该品种在相对凉爽的地区会长成圆弧形，但在温暖地区会长出很多细枝。植株早期应以修整造型为主，向下开花也同样颇具风情。不要给出芽肥、花后肥等化肥。经常转动花盆，让阳光可以全方位照到植株，这样就可以培育出丰满的强壮株型。成熟植株使用盆高 30cm 的花盆栽培。

（黑）（白）（红）（寒）（暑）（阴）

杯状花 / 花径 9 ~ 10cm/ 株高 1.5 ~ 2m/
直立型 / 四季开花 /En/ 中香

'艾拉绒球'

Pomponella

强烈建议配合小型拱架
或花格栽培

　　该品种为完全四季开花型，即使修剪得很短，也可以很好地开花。无需进行枝条更新，逐年慢慢成长，可以将伸长的枝条固定在支撑物上，冬季仅需修剪枝干的一小部分。虽然冬季不需要解开枝条重新牵引，但覆盖整个拱门需要两三年的时间。耐暑性、耐寒性都很强，半日照条件也能很好地适应，抗病性也很强。花刺较少，非常易打理。

黑 白 红 寒 暑 阴

杯状花 / 花径 4cm/ 伸长 2m/
藤蔓型 / 四季开花 /Cl/ 淡香

'夏日回忆'

Summer Memories

半日照环境也可以开得很好
是株型紧凑的玫瑰品种

　　无论将枝条剪短或是留长牵引都能很好地开花。花茎较短，花朵不易下垂，最适合与栏杆搭配。盆栽的最初几年抽条可以长到 1.5m 左右。从植株偏下的位置就开始有花，所以即使搭配较低的栅栏也会表现非常出色。由于是完全四季开花品种，所以在小庭院或阳台栽培都非常得心应手。如果肥力不足会导致花瓣数减少，所以要施足肥。推荐种在半日照的地方。

黑 红 寒 暑 阴

莲座状花 / 花径 7 ~ 9cm/ 伸长 2m/
藤蔓型 / 四季开花 /Cl/ 淡香

'雪锥'
Snow cone

少见的呈穗状开放的
娇小花朵

　　抗病性优秀，特别是对黑斑病和红蜘蛛的抵抗力极强，是紧凑的灌木株型。不会长出特别强势的抽条而打破整体株型的平衡。修剪时不要剪得过重，尽量多保留枝条。建议剪到 70cm 左右的高度，可打造出繁茂的效果。施肥量应偏少一些，一年给四五次即可。该品种喜水，所以不要忘了浇水。

黑 白 红 寒 暑 阴

单瓣状花 / 花径 3 ~ 4cm/ 株高 0.5m/
半直立型 / 四季开花 /Min/ 淡香

'月月粉'
Old Blush

最易养护的
古老月季品种之一

　　该品种虽然是四季开花的古老月季，但与现代月季不同，其主要是枝条的上方变粗，所以不易造型，维持自然株型开花即可。重要的是让其尽早开花，可以将花盆摆放在日照充足的地方。进入 1 月后需要尽快进行冬季修剪。不要修剪得过重，尽量将枝条保留到较高的位置。使用高为 30cm 的花盆。也可以将枝条固定在栏杆上。

黑 白 红 寒 暑 阴

半重瓣状花 / 花径 7 ~ 8cm/ 株高 0.6 ~ 1.6m/
直立型 / 四季开花 /Ch/ 中香

'伊冯娜·拉比尔'
Yvonne Rabier

打理简单，非常适合盆栽
得到越来越多关注的好品种

对黑斑病抗病性强，白粉病的抗病性也比较出色，具耐寒性。虽然是四季开花品种，但不像现代月季那样同时开花，而是陆续不定期重复开花直至晚秋。由于株型偏小且不进行抽条更新，所以冬季修剪时需保留旧枝。修剪不能过重，保留原株高一半以上的高度。

半重瓣状花 / 花径 3 ~ 4cm/ 株高 0.5m/
直立型 / 四季开花 /Pol/ 中香

'征服'
Knock Out

在美国销量超百万株
对黑斑病的抗病性堪称一流

主要是抗病性强，其他玫瑰品种都不具备如此强的抗黑斑病的特性。全株开花，花期一直持续到初冬，可以用大花盆或花槽同时种几株。冬季修剪时火柴棍粗的枝条也要保留，这样可以很快养成大株。植株健壮，即使根系盘结也可以正常开花。对土壤无要求。具耐暑性，耐旱性也很强。一年施肥 4 次，最好是有机缓释肥。

半重瓣状花 / 花径 7 ~ 8cm/ 株高 0.7 ~ 0.9m/
横向扩展型 / 四季开花 /FI/ 淡香

'玫瑰园'
Garden of Roses

花姿优美
抗病性强的推荐品种

开花早，秋季也持续开花。虽然花瓣较多，但无花朵不易开放的问题，而且花瓣质地较强韧。株型紧凑，枝条多而浓密，植株自然呈茂密姿态，非常适合盆栽。枝条硬挺不易下垂。对黑斑病的抗病性强，适合希望减少农药喷洒次数的爱好者种植。喜水，不要忘记勤浇水。

莲座状花 / 花径 7cm/ 株高 1m/
半横向扩展型 / 四季开花 /Fl/ 中香

'亨利 · 方达'
Henry Fonda

黄色翘角高心花形
品种中的盆栽首选

花期早，褪色少，从开放起就呈非常明亮的黄色。在HT品种中属比较小但形状整齐的花，枝条向直立方向伸展，植株健壮，适合盆栽。其修剪、施肥、基部抽条的处理都可参照通常的HT品系。抗病性一般，因而需要喷洒药剂。坐花状况好，早期的植株需要摘蕾，尽量不要让其开花，以尽快培育出强壮的植株。

翘角高心状花 / 花径 12cm/ 株高 1.2m/
直立型 / 四季开花 /HT/ 淡香

'波列罗舞'
Bolero

　　光叶，叶片对黑斑病抗病性强，枝条不会过长伸展，故盆栽的株型也可以比较紧凑。该品种虽然看起来比较细弱，但花瓣质地强韧，即使淋雨也可以正常开花。植株早期坐花状况好，开出稍朝下的蓬松白花，非常可人。虽然细枝较多，但都比较强韧，不用过度担心。火柴棍粗细的枝条也可以开花，所以在修剪的时候要保留细枝，在较高的位置剪断。

黑 白 红 寒 暑 阴

莲座状花 / 花径 10cm/ 株高 0.8m/
半横向扩展型 / 四季开花 /Fl/ 浓香

'英格丽·褒曼'
Ingrid Bergman

　　盆栽的植株紧凑，整体均衡，刺少，可以养护出非常标准的姿态。日常管理按照一般HT品系的方法即可。基部抽条至少摘心两次，以作为来年的主枝。植株早期可能因患病而变得柔弱，这时应摘掉一半数量的花蕾，以防植株消耗过大。

黑 白 红 寒 暑 阴

半翘角高心状花 / 花径 12cm/ 株高 1.2 ~ 1.5m/
半横向扩展型 / 四季开花 /HT/ 淡香

'小特里阿农'

Petit Trianon

| 黑 | 白 | 红 | 寒 | 暑 |

圆瓣莲座状花
花径 13cm
株高 1.2m
半直立型
四季开花／FI／淡香

这是花姿柔美又兼具抗病性、耐暑性、耐寒性的品种。颇具古典玫瑰风情，适合想要栽种健壮玫瑰的爱好者选择。枝条逐年变粗，属非抽条更新类型，故冬季修剪时仅将旧枝轻度修剪即可。

'雷诺·沃特'
Narrow Water

| 寒 | 阴 |

半重瓣状花
花径 4～5cm
株高 1.5～2m
半藤蔓型
反复开花／N／中香

在柔美纤细的枝条上中等大小的浅粉色至白色的花朵成簇开放。刺较少，可以在阳台的拱架或栏杆、花格上自由攀爬。需要按照正常的量喷洒药剂。

'玛蒂尔达'
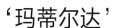
Matilda

| 寒 | 暑 | 阴 |

圆瓣平开状花
花径 5～6cm
株高 0.8～0.9m
横向扩展型
四季开花／FI／淡香

在奶白色的花瓣上晕开粉色，花色非常惹人喜爱。植株强健，株型紧凑，适于盆栽，可以从一株上体会到玫瑰的各种美好，是非常受欢迎的品种。在多个国际大赛中获奖，虽然较易栽培，但也需要预防性地喷洒药剂。

'粉色繁荣'
Pink Prosperity

寒 阴
半重瓣状花
花径 5 ~ 6cm
株高 1 ~ 2m
半藤蔓型
反复开花／HMsk／中香

这是'繁荣'的枝条变异品种，明快叶色衬托浅粉色的中型花，营造出柔美的氛围，适合搭配小型栏杆或花格。秋季依然开花。如果冬季修剪得比较短，也可以打造出大株直立品种的效果。

'魅惑'
Miwaku

寒 暑
半翘角高心状花
花径 13 ~ 15cm
株高 0.6 ~ 0.8m
半横向扩展型
四季开花／HT／浓香

白色花瓣上带有粉色边，非常迷人。坐花状况好，植株强健，在 HT 品系中属株型相对紧凑的品种，适合盆栽。这个品种虽然抗病性比较优秀，但还是需要预防性地喷洒药剂。芳香气味也很出众。

'粉红新娘'
Bridal Pink

寒 暑
半翘角高心状花
花径 7 ~ 10cm
株高 0.7 ~ 0.8m
横向扩展型
四季开花／Fl／淡香

从品种名就让人联想到曼妙新娘，是粉色玫瑰中人气非常高的品种。株型稍显纤弱但实际上很强健，秋花也很出众。需要按正常水平喷洒药剂。

'樱贝'
Sakuragai

寒 暑
翘角高心状花
花径 6 ~ 7cm
株高 1.2m
直立型
四季开花／Fl／淡香

淡粉色的花瓣重叠在一起，通常 5 朵花成簇开放。枝条上刺少且直立生长，非常易于打理。盆栽所占空间小。植株强健且耐寒性优秀。需要按正常水平喷洒药剂及施肥。

'希望'
Nozomi

黑	白	寒	暑	阴

单瓣状花
花径 3cm
伸长 2m
藤蔓型
单季开花 / MS / 淡香

有光泽的粉色小花。枝条细软且多，可以牵引在支撑物上或让其从栏杆、窗台垂下，也可以按照正常的姿态培育。具抗病性，植株强健，可以略减少施肥量。

'马里内特'
Marinette

半重瓣状花
花径 10cm
株高 1.8m
半藤蔓型
四季开花 / En / 中香

花瓣飘逸迷人，沿塔架或栏杆牵引效果很好。四季开花性强，需要不断剪去残花，且冬季修剪时要保留细枝，宜将植株修剪到整体 1/2 的高度。抗病性较强，仍需要预防性喷洒药剂。

'马美逊的纪念'
Souv. de la Malmaison

莲座状花
花径 10cm
株高 1m
横向扩展型
四季开花 / B / 浓香

带米色感觉的浅粉色大花品种。香味浓郁，如果空间有限但又想种植古典玫瑰，可以试试这个品种。直立株型，修剪方法以 Fl 品系的方法为准。抗病性一般。

'粉妆楼'
Fen Zhang Low

杯状花
花径 4 ~ 5cm
株高 0.8m
直立型
四季开花 / Ch / 浓香

这是花色与花形都很有人气的古老月季。由于花瓣较多且薄，故可能不易开放。注意不要淋雨，不要修剪过重，也不能施肥过量。因易患白粉病、灰霉病，所以需要喷洒药剂。

'韦狄'
Wildeve

寒
莲座状花
花径 8 ~ 9cm
株高 1.2m
半藤本型
反复开花／En／中香

在柔软的拱状枝条上成簇开放雅致的粉色花。枝条较长，可以沿栏杆造型。夏季时不要剪断枝条，而只是去掉残花，以利于秋季开花。香气柔和。

'花霞'
Hanagasumi

寒 暑
半重瓣平开状花
花径 7 ~ 8cm
株高 1m
横向扩展型
四季开花／Fl／淡香

花瓣边缘带粉色的晕色，全株开花，非常引人注目。将花盆放在日照充足处，有助于大量坐花。按照通常的方法喷药及施肥。

'王太后'
Queen Mother

黑 白 红 寒 暑 阴
圆瓣平开状花
花径 5 ~ 6cm
株高 0.3 ~ 0.8m
半横向扩展型
四季开花／Fl／淡香

带有光泽的粉色花瓣重叠在一起，呈现可爱的花姿。植株紧凑，坐花效果好，一簇多花。植株强壮，耐热性强，在日照稍欠的地方也能正常开花。

'花罩灯'
Hanabonbori

黑 红 寒 暑 阴
半重瓣状花
花径 7.5 ~ 8cm
株高 1.2m
直立型
四季开花／Fl／中香

粉色花像轻波一样飘逸开放，覆盖整个植株。强健、抗病性强而且刺少，是极易打理的品种。花色淡雅，易与其他植物搭配组合。

'科尼莉亚'

Cornelia

寒 暑 阴
杯状花
花径 6 ~ 7cm
株高 2m
半藤蔓型
反复开花／HMsk／浓香

花色和花形都非常可爱，是非常有人气的古典玫瑰。枝条柔软，刺少，适合在拱门、塔架、栏杆上自由牵引。半日照也能正常开花，具浓郁的甜香味。需要按照正常水平喷洒药剂。

'梅兰迪娜夫人'
Lady Meillandina

－
翘角高心状花
花径 5 ~ 6cm
株高 0.5 ~ 0.6m
横向扩展型
四季开花／Min／淡香

花的中心稍带杏粉色。微型玫瑰。虽然花比较小，却是非常典型的翘角高心状花。单花花期长。虽具抗病性，但还是需要预防性喷洒药剂。

'伊丽莎白女王'

Queen Elizabeth

黑 白 红 寒 暑 阴
圆瓣平开状花
花径 10 ~ 11cm
株高 1.5 ~ 1.8m
直立型
四季开花／HT／淡香

典型的强健品种，自古以来就被广为种植。植株虽然长得较高，但由于整体直立伸展，所以可以用大一些的花盆作为背景植物种在后面。花朵清亮，可营造出明快的感觉。

'夏莉法·阿诗玛'
Sharifa Asma

☀
莲座状花
花径 8cm
株高 1.2m
直立型
四季开花／En／浓香

美丽的莲座状花与浅粉花色搭配非常和谐。在英国月季中，这个品种植株紧凑，非常适合盆栽。四季开花性强，秋季也可以开花。修剪方法与丰花月季相同。需要按照正常水平喷洒药剂。

'俏丽贝斯'
Dainty Bess

	寒	
单瓣状花
花径 10cm
株高 1.2～1.5m
直立型
四季开花／HT／浓香

粉色的花瓣与紫色花蕊搭配非常和谐，是 HT 品系中十分美丽的单瓣品种。不易发出抽条，所以冬季修剪时需要保留旧枝。要将前一年头茬花的花枝保留 10cm 长度剪断。施肥方法及喷洒药剂的方法按照正常水平进行。

'樱霞'
Sakuragasumi

寒 暑 阴
半重瓣平开状花
花径 7～8cm
株高 1m
横向扩展型
四季开花／Fl／淡香

随着花朵的开放，花色从浅粉色逐渐带上鲑粉色，是变色的玫瑰品种。秋花为清亮的粉色。坐花状况好，旧枝也可以坐花。单花花期长。半日照环境下也可以正常开花。

'什罗普郡少年'
A Shropshire Lad

寒
莲座状花
花径 10～12cm
株高 1.5m
半藤蔓型
四季开花／En／浓香

植株长势旺盛，枝条伸展性强，适合攀爬在拱架上。如果按照藤蔓牵引的方法造型，可以伸展超过 2.5m。秋季开花状况好，刺少，植株强健，易打理，具芳香气味。需要按照正常水平喷洒药剂。

'灰姑娘'
Cinderella

黑 白 红 寒 暑 阴
莲座状花
花径 5～7cm
伸长 2～3m
藤蔓型
四季开花型／Cl／淡香

在带有光泽的叶片衬托下开出浅粉色的花朵，非常可人。为四季开花的藤本品种。冬季牵引时若横向牵引，开花效果更好，适合搭配阳台的栏杆。对白粉病、黑斑病的抗性强，可适当减少喷药次数。

'草莓山'

Strawberry Hill

寒
莲座状花
花径 8cm
株高 1 ~ 1.2m
半藤蔓型
四季开花／En／浓香

柔美的粉色莲座状花。灌木株型的枝条比较舒展，适合在阳台或露台搭配栏杆、拱门。刺较少，易于打理。具有英国月季常见的没药香型气味。需要按照正常水平喷洒药剂。

'仙女'

The Fairy

黑	白	红	寒	暑	阴

半重瓣状花
花径 3 ~ 4cm
株高 0.7 ~ 0.9m
横向扩展型
四季开花／Pol／淡香

外形柔美，但实际上非常强健。四季开花性强，对病虫害的抵抗力也较好。花后简单剪短即可。冬季如果不修剪枝条任其舒展会自然下垂，如果重剪则可以打造出直立品种的造型。

'老伦敦'

Bow Bells

寒
杯状花
花径 6 ~ 7cm
株高 1.5m
半藤蔓型
四季开花／En／中香

枝条较多，粉色的中型花成簇开放。花瓣质地厚实，植株强健，易栽培，可以按照丰花月季的方法养护。夏季枝条比较舒展，若剪掉残花，秋花也会很美。

'芭蕾舞女'

Ballerina

黑	白	红	寒	暑	阴

单瓣状花
花径 3cm
株高 1.5 ~ 2m
半藤蔓型
四季开花／HMsk／淡香

在世界各地都很受欢迎的品种。如果任其枝条舒展，可以作为藤本品种造型。忍受重度修剪的能力强，所以可以把株高控制得很低。如果将花盆摆放在阳光的栏杆边，会开出花朵满溢的效果。对于暑热和寒冷也有很强的耐受性。

'家居庭院'

黑 白 寒 暑
莲座状花
花径 6 ~ 7cm
株高 0.6 ~ 1m
半藤蔓型
四季开花／Fl／淡香

具古典风情的莲座状花。虽为Fl品系，但其特性更近于灌木品种。冬季修剪时如果将枝条保留较长，会像古典玫瑰那样呈弧线状下垂。花朵非常多，易爆盆。

'瑞典女王'

寒 暑
杯状花
花径 7 ~ 8cm
株高 1.5m
半藤蔓型
四季开花／En／中香

粉色杯状花，花形维持状况好。枝条上刺少且不断向上伸展。四季开花性强，秋花也很美。有一定的抗病性，但需要预防性喷洒药剂。

'魔幻夜色'

-
圆瓣平开状花
花径 6.5 ~ 8cm
株高 0.9 ~ 1.2m
半直立型
四季开花／Fl／浓香

花瓣背面为带银色的粉紫色，非常别致。坐花状况好，中型花，成簇开放。蓝玫瑰系香型混合柔和的甜香味道，让人印象深刻。推荐喜欢收集各种香味的爱好者种植。

'汉斯·戈纳文'

黑 白 红 寒 暑
圆瓣杯状花
花径 4.5cm
株高 1.5m
半藤蔓型
四季开花／Fl／淡香

这个品种曾多次获大奖。杯状花让人很容易联想到古典玫瑰。叶片为健壮的光叶类型。对黑斑病、白粉病的抗病性强。虽然是灌木株型，但植株比较紧凑。

'巴斯之妻'
Wife of Bath

寒
杯状花
花径 8～9cm
株高 1m
半藤蔓型
四季开花／En／中香

在英国月季中属株型紧凑、四季开花性强的早花品种。从植株早期开始就开花状况良好。具有英国玫瑰常见的没药香型气味。施肥及修剪参照丰花月季的方法进行。

'玛丽·罗斯'
Mary Rose

寒 暑
莲座状花
花径 8～9cm
株高 1.5m
半藤蔓型
反复开花／En／中香

可开出许多花瓣蓬松的花朵，自然株型就很优美。如果利用枝条自然伸展的特性，可以沿花架或栅栏装饰。秋季开花不多，正常喷洒药剂即可。

'浪漫蕾丝'
Romantic Lace

黑 白 暑
波浪花瓣杯状花
花径 4～5cm
株高 0.8～1m
半直立型
四季开花／Fl／淡香

花瓣边缘有浅裂并呈波浪状，花色为杏粉色，打造出古典风情。株型紧凑，适合盆栽。单花花期非常长，也可以剪下来做鲜切花装饰。

'浪漫雅典卫城'
Acropolis Romantica

黑 白 红 寒 暑 阴
杯状花
花径 6cm
株高 1.6m
直立型
四季开花／Fl／淡香

花色为白底粉色，随着花朵开放会逐渐带一些绿色，让人印象深刻。一簇开 5～7 朵花，就像浑然天成的花束。由于是灌木株型，所以当较细的枝条舒展开来时，可以当作藤本品种造型。需要按照正常水平喷洒药剂。

'腮红征服'

黑 白 红 寒 暑 阴
半重瓣状花
花径 7 ~ 8cm
株高 0.7 ~ 0.9m
横向扩展型
四季开花／Fl／淡香

这是'征服'的枝条变异品种，浅粉色花。其抗病性和坐花状况与本系列其他品种相同。如果是大型的阳台，推荐同时栽种两三株。如果与同系类的其他颜色品种搭配种植，会演绎出迷人的色彩盛宴。

'梦香'
Yumeka

－
半翘角包心状花
花径 7.5cm
株高 1.2m
半直立型
四季开花／Fl／浓香

丰花月季中为数不多的浓香月季品种，是值得关注的"香味月季"。花色为带蓝色感觉的粉色，花形柔美，配合甜香味道，非常可人。株型紧凑，适合盆栽。药剂喷洒按照正常水平即可。

'仙境'
Carefree Wonder

黑 白 红 寒 暑 阴
圆瓣平开状花
花径 6.5cm
株高 0.8 ~ 1m
半直立型
四季开花／Fl／淡香

从英文名就可看出这个品种不用怎么照顾，非常强健。通常被用于公园等园林景观。不断发出新枝，且整株开花。轻度修剪可以让坐花状态达到最佳水平。几乎可以采用无农药的栽培方式。

'法国花园'
Jardins de France

寒 暑
半翘角平开状花
花径 5 ~ 7cm
株高 0.9 ~ 1.1m
半直立型
四季开花／Fl／中香

花瓣呈微波状，花色鲑粉，十多朵花成簇开放，只要拥有一株，即能尽显华美。株高偏低，枝条呈半直立状伸展，盆栽的株型也可以控制得比较收敛。品种强健，但也需要按照正常水平喷洒药剂。

'麦金塔'

Charles Rennie Mackintosh

夏
杯状花
花径 8cm
株高 0.8~1m
半藤蔓型
四季开花／En／中香

花色为丁香紫色，非常迷人。花朵在柔美的枝头稍朝下方开放。虽然看起来比较柔弱，但实际上是较强健的品种，秋季也能正常开花。盆栽适合摆放在稍高于视线处。修剪方法以丰花月季的方法为准。需要按照正常水平喷洒药剂。

'法兰西'

La France

－
半翘角高心状花
花径 12cm
株高 1.2m
半横向扩展型
四季开花／HT／浓香

作为 HT 品系的 1 号，这是最值得纪念的品种。具透明感的粉色大花散发出大马士革香型的气味。坐花状况良好，花蕾多，需要适当摘蕾以限制开花数量。按照正常水平施肥及喷洒药剂即可。

'四月巴黎'

April in Paris

春 暑
翘角高心状花
花径 8cm
株高 1.2~1.5m
半直立型
四季开花／HT／浓香

花朵初开时为浅粉色，之后颜色逐渐加深。香气浓郁，坐花状况好，可营造出如花名一样的绚丽氛围。植株为半直立型，株型相对比较紧凑。较强健，适宜盆栽。按照正常水平施肥及喷洒药剂。

'赫莫萨'

Hermosa

－
杯状花
花径 5~6cm
株高 0.9~1m
半直立型
四季开花／Ch／中香

柔和的粉色杯状花，花瓣边缘外翻而呈非常有特色的尖瓣状。株型紧凑，类似稍大些的微型玫瑰。健壮易养护，坐花状况好，一直到秋季都能反复开花。按照正常水平喷洒药剂即可。

'蒂芙尼'

Tiffany

黑 白 寒 暑
圆瓣高心状花
花径 13cm
株高 1.2m
直立型
四季开花／HT／浓香

在 HT 品系中属株高偏低的品种，枝条直立，株型紧凑收敛。在较老的品种中属抗病性强、生长旺盛的，新手也可以放心种植。其甜香味道非常受人喜爱，有着很高的知名度。需要按照正常水平喷洒药剂。

藤本月月粉

Cl. Old Blush

黑 白 红 寒 暑
半重瓣状花
花径 7 ~ 8cm
伸长 1 ~ 1.8m
藤蔓型
反复开花／Cl／中香

这是古老粉月季的藤本品种，属于月月粉中的强健品种。在日本关东地区 4 月中旬开始开花，是超早花品种，所以需要在 1 月初左右开始进行牵引和修剪。枝条纤细易打理，可以自由牵引在拱门、栏杆、塔架等支撑物上。

'希望与梦想'

Hopes and Dreams

黑 白 红 寒 暑
圆瓣包心状花
花径 5 ~ 6cm
株高 1m
直立型
四季开花／Fl／淡香

深鲑粉色花瓣重叠在一起，呈包心杯状花，圆蓬蓬的花朵打造出一派古典风情。坐花状况非常好，可连续不断地开花。叶片为光叶。抗病性和耐寒性都很强，是易养护的品种。

'约翰·莱恩夫人'
Mrs. John Laing

－
杯状花
花径 9 ~ 11cm
株高 1.5m
半藤蔓型
反复开花／HP／浓香

从初开的高杯状开始，逐渐打开粉色的波状花瓣，呈现出非常优雅的开花过程。在纤细的枝条上开出富浓郁芳香味道的大花。冬季修剪要保留细枝，重要的是不要过多地压缩植株高度。按照正常水平喷洒药剂。

'达·芬奇'
Leonardo da Vinci

黑 白 红 寒 暑

莲座状花
花径 8 ~ 10cm
伸长 1 ~ 2m
藤蔓型
单季开花／Cl／淡香

整齐的四联状中大花，花色为深玫瑰粉色。花瓣质地厚实，即使淋雨也很少受伤，可以长时间保持漂亮的花形。伸展能力较强，适合搭配小型拱门或塔架。抗病性强。

'修女伊丽莎白'
Sister Elizabeth

黑 白 寒

莲座状花
花径 6 ~ 8cm
株高 0.8m
半藤蔓型
四季开花／En／中香

株高偏低，可在纤细的枝条上长出许多花蕾。花朵为中心部位可见牡丹眼的古典花形。四季开花性强，秋季也可以很好地开花。香料香型气味。虽抗病性强，但仍需要预防性地喷洒药剂。

'莫扎特'
Mozart

寒 暑 阴

单瓣状花
花径 2.5 ~ 3cm
株高 0.8 ~ 2m
半藤蔓型
反复开花／HMsk／淡香

植株长势非常旺盛，冬季修剪枝条可以长成茂盛的灌木型。如果选择牵引枝条可以当作藤本月季造型。虽剪掉残花有助于之后的开花，但也可以保留部分残花欣赏可爱的果实。

'银禧庆典'
Jubilee Celebration

寒 暑

杯状花
花径 9 ~ 10cm
株高 1.2m
半藤蔓型
四季开花／En／浓香

糅合了黄色和橙色，如光芒般的鲑粉色非常迷人。大花，坐花状况良好，香味浓郁。冬季修剪可打造出直立株型，如果牵引枝条则可以成为藤本月季。

'粉豹'

寒 暑 阴
半翘角高心状花
花径 12～13cm
株高 1.8m
直立型
四季开花／HT／淡香

　　多次在国际大赛上获奖。鲑粉色花，花形维持时间长，适宜用作鲜切花。植株强健，半日照环境下也可以正常开花。株型虽偏高，但枝条能保持直立。施肥和药剂喷洒按照正常水平进行即可。

'康巴雅'
Cumbaya

黑 白 红 寒 暑 阴
单瓣状花
花径 3～4cm
株高 0.6～0.7m
半横向扩展型
四季开花／Fl／淡香

　　一根枝条上可开出 20～30 朵小花，花朵覆盖整个植株，几乎看不到叶片。如果坚持剪去残花，可以从春季到初冬一直持续不断地开花。是抗病性非常卓越的强健品种，几乎可以无农药栽培。半日照环境也可以正常开花。

'皇家博尼卡'
Royal Bonica

黑 白 红 寒 暑 阴
半翘角高心状花
花径 6～8cm
株高 1～1.5m
半藤蔓型
四季开花／MS／淡香

　　这是因花美、易打理而广受喜爱的'博尼卡82'（Bonica 82）的枝条变异品种。可以在花盆中长得非常繁茂，也可以让枝条舒展而牵引在栏杆等处。抗病性优秀，尤其对白粉病抗病性特别突出。

'麦卡特尼玫瑰'
The McCartney Rose

黑 白 红 寒 暑
半翘角高心状花
花径 12cm
株高 1.2～1.5m
横向扩展型
四季开花／HT／浓香

　　得名于甲壳虫乐队的保罗·麦卡特尼，可开出很多芳香迷人的大花。长势强劲，抗病性优秀，耐寒性强，适合低农药栽培。曾在各种国际大赛上获奖。

'一棒粉'
Yi Bang Fen

寒 暑 阴
平开状花
花径 3cm
株高 0.5 ~ 0.6m
半横向扩展型
单季开花／Pol／淡香

这是 1995 年在中国育成的小姐妹月季。四季开花性强，大簇的花不断开放。生长旺盛，多发基部抽条，植株茂盛得可遮住花盆。生长初期给肥，之后需控制肥量。

'超级埃克塞尔萨'
Super Excelsa

黑 白 红 寒 暑
球状花
花径 5cm
伸长 2m
藤蔓型
四季开花／Cl／淡香

抗病性和耐寒性优秀，是非常强健的四季开花藤本月季。植株上舒展许多细枝，每簇有超过 20 朵的深玫瑰粉色小花开放，非常绚烂。花朵向下垂，适合搭在拱门上，也可以与塔架搭配造型。

'快乐足迹'
Happy Trails

黑 白 红 寒 暑 阴
球状花
花径 3cm
株高 0.3 ~ 0.4m
匍匐型
四季开花／MS／淡香

艳粉色球状花，可持续长时间开花。细枝下垂，适合种在吊篮中。可以与白色的'阵雪'（Snow Shower）搭配种植。植株强健，抗病性强，半日照环境下也可以正常开花。

'路波'
Lupo

黑 白 红 寒 暑
平开状花
花径 3cm
株高 0.5 ~ 0.6m
半横向扩展型
四季开花／Min／淡香

单簇上有 40 多朵玫瑰粉色小花。植株强健，具抗病性，特别是对黑斑病的抵抗力强。养护容易，通常被当作景观玫瑰。植株长势旺盛，作为微型玫瑰可以养成很大的植株。

'芳纯'

寒
半翘角高心状花
花径 14cm
株高 1 ~ 1.2m
半横向扩展型
四季开花／HT／浓香

这是代表日本玫瑰的芳香名花。在大马士革香型香气弥漫的空间中缓缓开放。推荐喜欢香味玫瑰的爱花之人种植。株高偏低，盆栽可以控制得比较紧凑，整体强健，易栽培。

'苏菲的永恒'
Sophie's Perpetual

寒 暑
杯状花
花径 6 ~ 7cm
株高 0.6 ~ 1.5m
半直立型
四季开花／Ch／中香

可爱的杯状花，花瓣颜色越往花心越浅。反复开花直至晚秋季节。植株紧凑、强健，是适合阳台栽培的古老月季品种。植株虽然为直立株型，但也可以当作半藤蔓型来造型。需要按照正常水平喷洒药剂。

'粉色征服'

黑 白 红 寒 暑 阴
半重瓣状花
花径 7 ~ 8cm
株高 0.7 ~ 0.9m
横向扩展型
四季开花／Fl／淡香

抗病性非常强，对干燥环境的耐受性也很强。枝条柔软易打理。用较大的花盆一起栽种两三株，便可打造出花开满溢的效果。不需夏季修剪，只要陆续剪去残花，便可以不断开花至冬季。

'可爱的仙女'
Lovely Fairy

寒 暑 阴
圆瓣状花
花径 3 ~ 4cm
株高 0.7 ~ 0.9m
半藤蔓型
四季开花／Min／淡香

这是继承了非常强健的四季开花品种'仙女'（The Fairy）特性的微型玫瑰。花后整体简单修剪即可以催生新芽，并能很好地坐花。可以在大阳台上同时种上几株，打造出十分耐看的风景。

'粉色重瓣征服'
Pink Double Knock Out

| 黑 | 白 | 红 | 寒 | 暑 | 阴 |

外侧翘角高心状花
花径 6 ~ 8cm
株高 0.9 ~ 1.2m
横向扩展型
四季开花／Fl／淡香

在抗病性非常突出的'征服'系列中属于花瓣数量较多的品种。每朵花都非常耐看。花瓣最外缘呈尖瓣状。对暑热和寒冷的耐受性强，从早春到初冬会不停地开出玫瑰粉色花。

'年轻的利西达斯'
Young Lycidas

| 黑 | 白 | 寒 |

杯状花
花径 9 ~ 10cm
株高 1.2m
半藤蔓型
四季开花／En／浓香

偏蓝色的深紫粉色大花，在纤细的枝条上稍朝下开放。完全开放后花形也非常整齐，并散发浓郁的香气。具一定的抗病性，刺少，是较易培育的英国月季。

'春风'
Harukaze

| 黑 | 白 | 红 | 寒 | 暑 |

翘角包心状花
花径 7 ~ 8cm
伸长 3 ~ 5m
藤蔓型
单季开花／Cl／淡香

可以在阳台的栏杆上大面积铺开，或是让其从栏杆垂下效果也很好。植株强健，抗病性强，刺少，易打理。在冬季和 3 月施肥。基本上可以采用无农药栽培方式。

'紫红天空'
Magenta Sky

| 阴 |

圆瓣半重瓣状花
花径 8 ~ 10cm
伸长 1.8m
藤蔓型
四季开花／Cl／中香

初开时为玫瑰粉色，之后逐渐变为偏蓝色的感觉。一株上同时呈现不同的花色，颇有情趣。原本为灌木株型品种，所以枝条不会疯长得过长，可以在冬季将其修剪至自己喜欢的位置后进行牵引。具有芳香气味。

'繁荣'
Prosperity

寒 阴
半重瓣状花
花径 5 ~ 6cm
株高 1 ~ 2m
半藤蔓型
反复开花／HMsk／中香

奶白色花呈大簇开放，非常耐看，适合搭配在阳台的栏杆或塔架上。秋季也可以开出很大的花簇。冬季若将枝条修剪得较短，可以当作大株的直立型玫瑰造型。

'淡雪'
Awayuki

黑 白 红 寒 暑 阴
单瓣状花
花径 3cm
株高 0.5 ~ 1.5m
半藤蔓型
四季开花／MS／淡香

杏色花蕾与白色花朵相互映衬，非常美丽。如果不搭建支架，可以长成比较茂盛的效果。如果牵引枝条，则可以当作小型藤本品种造型。盆栽搭配拱门或塔架的效果也很好。抗病性优秀，可以适应半日照的环境。

'妙极'
Fabulous

黑 白 红 寒 暑 阴
圆瓣平开状花
花径 9cm
株高 0.9 ~ 1.8m
直立型
四季开花／FI／淡香

这是抗病性和耐寒性特别优秀，且同时兼顾耐暑性的品种。从花名即可知其优秀的特性。植株强健，仅靠每天很少的日照即可正常开花。花朵为中心带奶油色的白色中型花，几乎可以不间断地陆续开花。

'冰山'
Iceberg

寒 暑 阴
半重瓣平开状花
花径 7 ~ 8cm
株高 1m
半横向扩展型
四季开花／FI／淡香

这是被收录入世界玫瑰协会联盟（World Federation of Rose Societies）的著名品种，广受喜爱。由于是不易抽条更新的品种，所以需要保留细枝和旧枝，只剪去不超过植株整体 1/3 高度的部分即可。可通过逐渐增加枝条而打造出出色的造型。

'白色萌宠'
Little White Pet

黑	白	红	寒	暑	阴

球状花
花径 4 ~ 5cm
株高 0.3 ~ 0.8m
半横向扩展型
四季开花／Pol／淡香

白色球状花朵与红色花蕾互相映衬，非常可爱。坐花状况非常好，植株紧凑，盆栽更加可以彰显其魅力。具有一定抗病性，是易栽培的品种。

'雪香水'
Neige Parfum

-

半翘角高心状花
花径 12cm
株高 1m
半直立型
四季开花／HT／浓香

这是 HT 品系的名花，适合盆栽。抽条更新较少，冬季修剪时无需分辨新枝和旧枝，只需将植株高度做一定程度的调整即可。新苗上盆后第一年需要摘蕾，以促进植株尽快强壮，确保第二年开花出色。

'约翰·保罗二世'
John paul Ⅱ

黑	白	红	寒	暑

半翘角高心状花
花径 12cm
株高 1m
半直立型
四季开花／HT／浓香

花朵分量十足且花形整齐，花瓣带有牛奶光泽，营造出 HT 品系典型的高贵氛围。植株早期即坐花状况良好。长势旺盛，抗病性优秀，湿气引发的花瓣斑点少，可以说是前所未有的优秀白色玫瑰品种。

'泪珠'
Tear Drop

黑	白	寒	暑	阴

平开状花
花径 3.5cm
株高 0.2 ~ 0.4m
横向扩展型
四季开花／Min／淡香

花形为花瓣稍重叠的平开形式，是开花量很大的微型玫瑰品种。纯白色的花瓣与亮黄色的花蕊搭配起来非常美丽。对黑斑病的抗病性强，易栽培。不需要特别的修剪，只需剪掉残花即可持续开花。

'白菲儿'
Fair Bianca

寒
莲座状花
花径 7 ~ 8cm
株高 1m
直立型
四季开花／En／浓香

奶油色的精致白花，颇具古典玫瑰的风情。浓郁的没药香型香气最具魅力。四季开花性强，可以一直开花到秋季。冬季修剪按照现代月季的方法处理。需按照正常水平喷洒药物及施肥。

'罗斯·玛丽'
Rose-Marie

寒 暑
杯状花
花径 8cm
株高 1.5m
半藤蔓型
反复开花／En／中香

属英国月季。虽然枝条持续生长，但秋花依旧出色。与其缠在塔架上不如沿栏杆方向造型。不需进行夏季修剪，仅剪除残花即可。冬季修剪至植株 1/2 的高度。

'温彻斯特大教堂'
Winchester Cathedral

寒 暑
杯状花
花径 8cm
株高 1.5m
半藤蔓型
反复开花／En／中香

枝条舒展，适宜搭配塔架等支撑物，与'格拉翰·托马斯'（Graham Thomas）相同，秋季主要生长枝条而不太开花。如果想要提高四季开花性，则需要种植在偏大一些的花盆里，以自然姿态养护。需按照正常水平喷洒药剂。

'阿司匹林'
Aspirin Rose

黑 白 红 寒 暑 阴
杯状花
花径 3 ~ 4cm
株高 0.7 ~ 0.8m
横向扩展型
四季开花／MS／淡香

强健的品种，推荐给希望减少药剂喷洒的爱花者。花名来自著名的药名。由于打理容易，所以通常被当作景观植物，但实际上花姿柔美，易营造出楚楚动人的风姿。花色稍带粉色。

2009 年发布的品种。具有古典玫瑰的花形。抗病性强。通常白色玫瑰淋雨后，花瓣上易出现斑点，但这个品种不会出现这种现象。虽然为藤本品种，但如果冬季将枝条修剪较短，也可以当作灌木株型来造型。

'阿尔特弥斯'
Artemis

黑 白 红 寒 暑	杯状花／花径 6cm／伸长 1.8m／藤蔓型／四季开花／CI／中香

典型的杯状花形，花色为牙白色与杏色的精致调和。株型紧凑，适于盆栽，与其他品种的玫瑰搭配在一起效果也很好。植株较强健，但仍需按照正常水平喷洒药剂。

'玛丽·安托瓦内特'
Marie Antoinette

黑 白 寒	杯状花／花径 8～10cm／株高 1m／半横向扩展型／四季开花／FI／中香

'绿冰'
Green Ice

花色从最初的白色逐渐变为浅绿色，是让人印象深刻的微型玫瑰品种。坐花状况好，单花花期长，可以一直持续开放。植株强健，株型紧凑，适合盆栽。枝条横向伸展而稍向下垂，所以也适合栽培在吊篮中。

寒 暑 阴	重瓣状花／花径 3～4cm／株高 0.3～0.4m／横向扩展型／四季开花／Min／淡香

'雪球'
Boule de Neige

盆栽易打理且会反复开花的古典玫瑰品种。半藤蔓型，枝条舒展，适合搭配塔架等。冬季修剪时，即使将枝条剪得很短也可以开出很多花来。需按照正常水平喷洒药剂。

寒 阴	莲座状花／花径 6～7cm／株高 1.5m／半藤蔓型／反复开花／B／浓香

黑 白 红 寒 暑 阴	球状花／花径 3.5cm／株高 0.2m／匍匐型／四季开花／Min／淡香

黑 白 红 寒 暑 阴	半重瓣状花／花径 5cm／伸长 2～4m／藤蔓型／单季开花／CI／中香

'阵雪'
Snow Shower

纯白色的球状花不间断地开放。是对黑斑病、白粉病和红蜘蛛抵抗力很强的强健品种。枝条虽然比较短，但可以较好地伸展，所以可以将花盆摆放在较高处，或种在吊篮中，以充分发挥该品种的优势。

'约克城'
City of York

花中心的纷繁花瓣让人印象深刻，是白色的藤本品种。植株抗病性强，颇具古典玫瑰风情，推荐新手种植。可以种在大花盆中，让其沿墙面或栏杆、拱门攀爬。

'太阳火焰'
Sun Flare

暑
圆瓣平开状花
花径 9 ~ 10cm
株高 1m
横向扩展型
四季开花／Fl／中香

稍呈波浪状的纯黄花瓣平展开放，覆盖整个植株，非常热烈。坐花状况好、抗病性强，是强健且易养护的品种。曾获国际权威性大奖AARS。

'番红花玫瑰'
Crocus Rose

寒
莲座状花
花径 9 ~ 10cm
株高 1.2m
半藤蔓型
四季开花／En／中香

从初开的杯状花逐渐变为莲座状花。坐花状况好，经常反复开花，适于株高低的盆栽方式。可以营造出花朵在枝干摇曳的美丽风情。需按正常水平施肥和喷洒药剂。

'灿烂征服'
Sunny Knock Out

黑	白	红	寒	暑	阴
半重瓣状花					
花径 7.5cm					
株高 1.3m					
横向扩展型					
四季开花／Fl／浓香					

属于可以进行无农药和低养护栽培的'征服'系列。这种最强健的品种对于黄色品种来说是划时代的，而且还散发芳香气息。花朵颜色逐渐变浅而成为白色，可以欣赏到丰富的层次变化。株型为枝条下垂的小灌木型。

'无名的裘德'
Jude the Obscure

寒
杯状花
花径 7.5cm
株高 1.3m
横向扩展型
四季开花／En／浓香

深杯状花朵散发出迷人的芳香味道。在英国月季中属四季开花性强的品种，其杏色花色很容易与其他花搭配。花瓣偏多，故湿气过大会导致开花困难，应避免淋雨。

'和平'

Peace

黑	白	红	寒	暑	阴

半翘角高心状花
花径 13 ~ 16cm
株高 1.2 ~ 1.5m
横向扩展型
四季开花／HT／淡香

曾获得 AARS 等 4 项国际性大奖并被收录入世界玫瑰协会联盟的现代月季的代表品种。植株强健，易栽培，适合盆栽，且在海风较强的海岸地区也可以正常种植。施肥及喷药按 HT 品系的正常水平进行即可。

'暮色'

Crepuscule

阴

半重瓣状花
花径 6 ~ 7cm
伸长 0.8 ~ 2m
藤蔓型
反复开花／N／淡香

株型紧凑的藤本品种，柔软的枝条易打理，是与阳台的低栏杆和塔架都可以搭配的古典玫瑰品种。冬季即使修剪到 80cm 也可以打造出很好的株型。需按正常水平喷洒药剂。

'香槟伯爵'

Comte de Champagne

黑	白	红	寒	暑

杯状花
花径 9 ~ 10cm
株高 1.5 ~ 3m
半藤蔓型
四季开花／En／浓香

胖乎乎的杯状花非常可爱。相比缠绕在塔架上的方式，更推荐将其横向造型。秋季也能很好地开花，注意春季开花后不要重度修剪，仅需剪掉残花。

'焦糖古董'

Caramel Antike

黑	白	寒	暑	阴

杯状花
花径 10 ~ 12cm
株高 1.5m
直立型
四季开花／HT／中香

分量十足的大花品种，其杏黄色花朵可营造出非常轻柔的氛围，十分适合与其他品种的月季一起搭配栽种。所散发的芳香气味让人心旷神怡，推荐把正在开放的盆花摆放在门廊处。枝条直立向上生长，属于具有一定高度的直立株型。

'格拉翰·托马斯'
Graham Thomas

寒 暑
杯状花
花径 8cm
株高 1.5m
半藤蔓型
四季开花／En／浓香

特别受欢迎的英国月季品种。枝条伸展性强，如果作为藤本月季牵引可超过 3m，但不易开秋花。若想开秋花，则不要用支架支撑而是任其自由生长。施肥以冬肥为主。

'索莱罗'
Solero

黑 白 红 寒 暑 阴
莲座状花
花径 7cm
株高 1.5m
半藤蔓型
四季开花／MS／中香

虽然散发着茶香但却绽放出柠檬黄色的花朵。叶片为光叶，且花瓣质地强韧，比一般黄色玫瑰的抗病性强。枝条非常舒展，可以牵引在塔架或栏杆上。

'黄金宝藏'
Goldschatz

黑 白 红 暑
圆瓣平开状花
花径 8cm
株高 1.2m
横向扩展型
四季开花／Fl／中香

坐花状况好，整株开满黄花。花开后不易褪色，色调整齐不凌乱。在半日照的环境下也可以正常培育。植株强健，特别是对抗黑斑病时表现优秀。

'夏洛特·奥斯汀'
Charlotte Austin

寒
杯状花
花径 8cm
株高 1.2m
半藤蔓型
四季开花／En／中香

虽然与'格拉翰·托马斯'类似，但其花色更加柔和，易与其他植物搭配。枝条偏直立，可以牵引到塔架等支撑物上，也可以不搭支架任其自然生长。需按正常水平施肥及喷洒药剂。

'布莱斯之魂'
Blythe Spirit

寒
杯状花
花径 6cm
株高 1m
半藤蔓型
四季开花／En／中香

花瓣较少且花型偏小的杯状花，可带给人轻快的感觉。四季开花性强，秋季也可以很好地开花。花后即修剪残花。冬季修剪按照丰花月季的方法进行，需按正常水平喷洒药剂。

'乐园'
Sunsplash

寒
尖瓣平开状花
花径 3.5～4.5cm
株高 0.6～0.8m
直立型
四季开花／Min／淡香

属微型月季中偏大的中庭玫瑰（Patio Rose）类型。透明质感的尖瓣平开花朵在光叶的映衬下格外可爱，如果装饰在门廊等处会非常引人注目。多花，植株强健，新手也可以栽培得很好。

'黄金庆典'
Golden Celebration

寒 暑
杯状花
花径 9～10cm
株高 1.5m
半藤蔓型
四季开花／En／浓香

花瓣重叠且花色灿烂夺目。深黄色花朵。冬季修剪枝条后也可以正常开花。也可牵引其生长旺盛的枝条当作藤本月季造型。柔和甜美的香气颇具魅力。需要按照正常水平喷洒药剂。

'查尔斯·达尔文'
Charles Darwin

寒
杯状花
花径 12cm
株高 1.5m
半藤蔓型
四季开花／En／浓香

杯状黄色大花营造出十分雅致的氛围。其特点是依季节及环境的变化，会呈现出杏色、粉色、米色等丰富的花色变化。盆栽也可以正常生长。需按正常水平施肥及喷洒药剂。

'柠檬酒'

Limoncello

黑	白	红	寒	暑	阴

圆瓣单瓣状花
花径 3～4cm
株高 1.2～1.5m
半横向扩展型
四季开花／MS／淡香

　　打理简单且耐寒性、抗病性强的黄色景观品种。初开时为深黄色，之后颜色逐渐变浅。纤细的枝条生长非常茂盛，花朵可开满整个植株。得名于意大利特产柠檬酒。

'金兔'

Gold Bunny

黑	白	红	寒	暑

圆瓣杯状花
花径 8～10cm
株高 0.9～1.2m
横向扩展型
四季开花／Fl／淡香

　　黄色的花朵上花瓣飘逸雍容，坐花状况好，是非常受欢迎的品种。该品种不进行抽条更新，所以需要在修剪时保留旧枝。具有花期早、对黑斑病抵抗力强等诸多优点。

'伊豆舞女'

Dancing Girl of Izu

暑

莲座状花
花径 9cm
株高 1.3m
直立型
四季开花／Fl／中香

　　艳黄色莲座状花，植株强壮后花形更加迷人。一根枝条上可坐花很多朵，花期一直持续到晚秋时节。属于黄色玫瑰中少见的晚花品种。香味怡人且耐干燥环境。需按正常水平喷洒药剂。

'第一印象'

First Impression

黑	白	寒

翘角高心状花
花径 5cm
株高 1.2m
半直立型
四季开花／Min／中香

　　微型玫瑰品种，但因其株型较高，植株比较规整，所以通常显得比较大。其艳黄色的翘角高心状花让人印象深刻。对黑斑病抗病性强，植株健壮，易栽培。具微型品种中少见的没药香型香气。

'小苍兰'
Friesia

寒 暑
圆瓣平开状花
花径 10 ~ 12cm
株高 0.7 ~ 0.8m
半直立型
四季开花／Fl／浓香

　　黄色丰花月季的代表品种，特别是香气非常迷人。由于不进行抽条更新，所以修剪时要保留旧枝，使枝条逐年变粗。如果在较高的位置修剪则坐花状况出色。需按正常水平施肥及喷洒药剂。

'沉默是金'
Silence Is Golden

黑 白 红 寒
圆瓣半重瓣状花
花径 4cm
伸长 2m
藤蔓型
反复开花／Cl／淡香

　　藤本品种中少见的亮橙黄色品种。叶片小且为光叶，抗病性强。枝条垂直生长，数量适中，适合种在稍大的花盆中牵引在塔架或阳台栏杆上。

'加州梦想'
California Dreaming

寒 暑
半翘角高心状花
花径 13 ~ 14cm
株高 1.2 ~ 1.5m
直立型
四季开花／HT／浓香

　　法国玫昂公司为著名品种'摩纳哥公主'（Princesse de Monaco）的粉丝而新发布的玫瑰品种。花朵更大，香味浓郁。如果环境适宜，花径可以超过15cm，且'摩纳哥公主'花头弯曲的问题也在这个品种中得以解决。

'闪光'
Kirari

寒
半重瓣平开状花
花径 7 ~ 9cm
株高 1.2m
横向扩展型
四季开花／Fl／淡香

　　黄色花瓣上带有红色的条纹，坐花状况好，可以陆续不断地开花，只需摆上一盆就可以让阳台亮起来。虽然枝条较细但比较硬实，是强健易栽培的品种。具一定的抗病性，但需要预防性喷洒药剂。

'阿利斯特·斯特拉·格雷'

Alister Stella Gray

寒 暑 阴
莲座状花
花径 6 ~ 7cm
伸长 1.5 ~ 2m
藤蔓型
四季开花／N／中香

这是可以尝试各种造型的月季品种。让枝条伸展后可以牵引到栏杆、拱门、塔架上，也可以冬季将枝条剪短而当作直立品种来造型。花色较浅，在半日照的环境下也可以正常生长。需按正常的水平喷洒药剂。

'英国花园'

English Garden

寒
莲座状花
花径 8cm
株高 1m
半藤蔓型
四季开花／En／中香

这是可以观察到杏色及淡黄色颜色变化的品种。植株紧凑，适宜与其他玫瑰品种或草花搭配。四季开花性强，按照丰花月季的修剪方法打理即可。需按正常水平施肥及喷洒药剂。

'笑容'

Emi

寒 暑 阴
莲座状花
花径 9 ~ 10cm
株高 0.7 ~ 1m
半直立型
四季开花／Fl／淡香

杏色又偏米色、紫色或粉色，花色非常复杂。初开时为半翘角花形，之后逐渐变为莲座状花。坐花状况好，株型紧凑，特别是盆栽时整体姿态比较收敛，非常美观。

'古董蕾丝'

Antique Lace

寒
波浪花瓣包心状花
花径 4 ~ 5cm
株高 0.8 ~ 1m
半直立型
四季开花／Fl／淡香

柔和的花色与颇具古典风情的花形相得益彰。花朵规整不易变形，坐花方式非常均衡，盆栽时可以控制为比较好的姿态。是鲜切花非常受欢迎的品种。需按正常水平施肥及喷洒药剂。

'泡芙美人'
Buff Beauty

黑	白	红	寒	暑	阴

莲座状花
花径 7 ~ 8cm
伸长 1 ~ 2.5m
半藤蔓型
反复开花／HMsk／中香

微妙的花色与波浪状花形让这个品种深入人心。由于抽条更新较少，所以冬季时不用整体调整牵引，只是固定新长出来的枝条即可。冬季重度修剪也可以开出许多花来。需要预防性喷洒药剂。

'安布里奇'
Ambridge Rose

寒	暑

杯状花
花径 8cm
株高 1 ~ 1.5m
半藤蔓型
四季开花／En／浓香

花形从初开时整齐的杯状逐渐变为莲座状。在英国月季中属长势旺盛且坐花状况好的品种。如果不搭支架会长得比较茂盛，植株下部也会开花，非常美丽。散发没药香型的芳香气味。

'科莱特'
Colette

黑	白	阴

莲座状花
花径 8.5cm
伸长 1.7m
藤蔓型
反复开花／Cl／淡香

坐花状况良好的小型藤本品种。如果任枝条自由舒展可以牵引在阳台的栏杆或小型拱门上。如果修剪到适当的长度则可以在花盆中插入花格，让枝条攀爬在上面。对黑斑病具一定的抗病性。

'豪斯玫瑰'
Sängerhauser Jubiläumsrose

黑	白	红	寒	暑	阴

莲座状花
花径 8cm
株高 1.2m
横向扩展型
四季开花／Fl／中香

花色精美，与较多花瓣的古典风格花形搭配非常和谐。在这个系列中属出芽多、反复开花的品种。叶片为深绿色的光叶，对黑斑病和白粉病的抗病性非常强。推荐给希望少喷药剂的人群种植。

'格蕾丝'
Grace

寒
莲座状花
花径 10cm
株高 1m
半藤蔓型
四季开花／En／中香

在轻垂的枝头开出许多杏橙色花朵，花朵全开后花瓣边缘变尖，是非常独特的花形。在英国月季中属易培育的品种，复花性强。按照正常水平喷洒药剂即可。

'桃花漂流'
Peach Drift

黑 寒 暑
圆瓣半重瓣状花
花径 4.5cm
株高 0.45m
横向扩展型
四季开花／Fl／淡香

杏粉色花，花瓣中心及背面偏黄色，呈现出非常柔美的色调。坐花状况十分突出，从春季至初冬持续不断地开花。抗病性优秀，株型紧凑，是非常易养护的品种。

'查尔斯夫人'
Mme. Charles Sauvage

－
圆瓣高心状花
花径 10～13cm
株高 1m
横向扩展型
四季开花／HT／浓香

杏橙色轻盈的花形颇具魅力，秋季花色更加鲜明。在 HT 品系中属株型偏低、适宜盆栽的品种。由于不进行枝条更新，故在修剪时要注意保留旧枝。需按正常水平喷洒药剂。

'金品'
Goldelse

寒 暑
圆瓣莲座状花
花径 10cm
株高 0.4～0.7m
直立型
四季开花／Fl／淡香

虽然株型紧凑但花朵较大，开花时可覆盖整个植株，飘逸洒脱。花色从明亮的橙色演变为芥黄色，非常美丽。株型为较直立型稍舒展但又自然收敛的姿态。需按正常水平喷洒药剂。

'巴比伦通天塔'

Babel Babylon
Babel Babylon

–
半重瓣状花
花径 3 ~ 4cm
株高 0.5m
横向扩展型
四季开花／MS／淡香

这是在原生的单叶蔷薇的基础上改良而来的品种，特点是花瓣中心带有紫斑。十余朵花在细枝上成簇陆续开放。阳台上数株种植会很壮观。对黑斑病抗性稍弱。需按正常水平喷洒药剂。

'尤里卡'

Eureka

寒 暑
波状花
花径 9 ~ 12cm
株高 1 ~ 1.2m
横向扩展型
四季开花／Fl／中香

可在整株植株上开满带褶边的花朵，非常抢眼。适合种在洋气的花盆里装饰门廊。是栽培简单的强健品种，获得过 AARS 大奖。需要预防性喷洒药剂。

'艾玛·汉密尔顿女士'

Lady Emma Hamilton

黑 白 红 寒 暑
杯状花
花径 7 ~ 8cm
株高 1.2m
半藤蔓型
四季开花／En／浓香

稍带红色的叶片与成簇开放的橙色花朵相互映衬，煞是好看。在英国月季中属株型紧凑的品种。具一定的抗病性，四季开花性强，适合盆栽。经常修剪残花有助于之后更好地开花。

'美智子皇后'

Princess Michiko

–
半重瓣状花
花径 7cm
株高 1.2 ~ 1.5m
直立型
四季开花／Fl／淡香

这是历史最悠久的玫瑰育种公司，英国迪克森苗圃育出，并奉献给当时日本皇太子妃美智子的日本代表性 Fl 品种。深橙色花成簇争相开放，非常迷人，也是适合盆栽的品种。

杏橙色的花瓣如波浪般开放的大花品种，曾被收录入世界玫瑰协会联盟。株型紧凑，花期早。反复开花，香气出众。适合喜欢收集著名品种的人群种植。

'杰乔伊'
Just Joey

寒 暑	圆瓣杯状花／花径 10 ~ 12cm／株高 1m／横向扩展型／四季开花／HT／浓香

'琥珀梅兰蒂娜'
Amber Meillandina

亮橙色中型花可开满整个植株。随着花朵开放，花瓣外缘逐渐变为粉色，与橙色互相映衬，非常好看。虽然是微型品种，但即使只种一盆也颇具存在感。需按正常水平喷洒药剂。

-	半翘角高心状花／花径 5 ~ 6cm／株高 0.7m／直立型／四季开花／Min／淡香

-	半翘角状花／花径 3 ~ 4cm／伸长 1.5 ~ 2m／藤蔓型／反复开花／Cl／淡香

'藤本泰迪熊'
Cl. Teddy Bear

这是砖红色微型玫瑰'泰迪熊'的藤本品种。花色随气温及环境改变而呈现橙色、米色等变化，非常有趣。可以牵引在花格或小型拱门、栏杆上。抗病性一般，需要按照正常水平喷洒药剂。

稍带红色的细长花蕾缓缓开放为橙色大花，花瓣厚实，即使淋雨，也可保持美丽的花形。枝条直立伸展，也较适合盆栽。需按照正常水平施肥及喷洒药剂。

'白兰地'
Brandy

暑	半翘角高心状花／花径 10 ~ 12cm／株高 1.3 ~ 1.5m／直立型／四季开花／HT／淡香

'铜管乐队'
Brass Band

环境温度低时花朵橙色偏重，温度高时则为杏色。花朵开放时花瓣边缘带有轻微褶皱。可以按照标准姿态盆栽装饰在门廊，非常抢眼。是花瓣质地和坐花状况都很好的强健品种，曾获 AARS 大奖。

白 寒 暑	圆瓣状花／花径 9 ~ 11cm／株高 0.8 ~ 1.3m／直立型／四季开花／Fl／淡香

黑 白 红 寒 暑	半翘角平开状花／花径 6 ~ 7.5cm／株高 0.4 ~ 0.8m／直立型／四季开花／Min／淡香

'巧克力花'
Cioccofiore

茶色的庭院玫瑰，花色时而偏粉色。花径大小几乎可与丰花月季一比高下。相比其他微型玫瑰来说不易患病，植株紧凑，易于打理。

'红衣主教'
Kardinal

（寒 暑）

翘角高心状花
花径 12cm
株高 1.2m
半横向扩展型
四季开花／HT／中香

亮红色的典型现代月季。可以作为一片植物中的主角或是点栽搭配。为 HT 品系中株型较紧凑的品种。开花状况好，散发香气，花朵不易变形。也可作鲜切花欣赏。

'红色漂流'
Red Drift

（黑 白 红 寒 暑）

半翘角状花
花径 2cm
株高 0.45m
横向扩展型
四季开花／Fl／淡香

抗病性优秀，植株强健，坐花状况好。在'漂流'系列中属花型最小的品种。株高较低且横向伸展，可以摆放在植物角落的最前面或在稍大的花盆中同时栽种数株，也可与其他草花搭配种植。

'恋情火焰'
Mainaufeuer

（黑 白 红 寒 暑）

波状花
花径 6.5～7.5cm
株高 1～1.2m
半藤蔓型
四季开花／MS／淡香

艳红色的花朵开满枝条，坐花状况特别出色。由于打理容易，常被当作景观玫瑰使用。如果沿着栏杆摆放花盆，可以营造出花开满溢的效果。此外，也可以当作藤本品种造型。抗病性也特别强。

'黑蝶'
Kurocho

（暑）

莲座状花
花径 8～10cm
株高 0.7～1m
横向扩展型
四季开花／Fl／淡香

偏黑色感觉的红色花，莲座状花形可以营造出一派古典风情。很少出现红玫瑰容易出现的日照烧伤现象。单花花期长，花朵不易变形，非常有特色。植株紧凑，整体均衡收敛。

'伊吕波'
Iroha

寒 暑
圆瓣平开状花
花径 6cm
株高 1.2m
半横向扩展型
四季开花／Fl／淡香

花瓣正面为红色，背面和花心处为白色，仿佛为喷漆的效果。易长细枝，5～20朵花成簇开放。植株早期即坐花状况良好，四季开花性强，秋季也可以开出很多花来。

'光彩'
Kosai

寒 暑
半翘角状花
花径 12～13cm
株高 1.2m
横向扩展型
四季开花／HT／淡香

表面的花瓣为亮红色，内侧花瓣偏黄色。于1988年获得国际权威玫瑰大赛 AARS 的大奖，是日本首次获奖的品种。耐寒性、耐暑性、抗病性优秀，植株紧凑，是适合花盆或花槽栽种的品种。

'矮仙女'09'
Zwergenfee'09

黑 白 红
圆瓣平开状花
花径 4cm
株高 0.4～0.5m
半横向扩展型
四季开花／Min／淡香

克服了以往微型品种对黑斑病及红蜘蛛抵抗力弱的缺点。株型茂盛且收敛。坐花状况很好，如果希望更大量开花，则不要过重修剪，多留一些小枝。

'重瓣征服'
Double Knock Out

黑 白 红 寒 暑
外侧翘角高心状花
花径 6～8cm
株高 0.9～1.2m
横向扩展型
四季开花／Fl／淡香

具有'征服'系列无可辩驳的抗黑斑病、白粉病能力。适合希望无农药栽培的人群种植。花朵为亮红色且花形整齐好看。耐暑性也很强，从春季开始一直可以持续开花到初冬结霜时节。

花色为火热的猩红色，颇具存在感，从初开到凋谢都可维持稳定的颜色。花后很短时间内就会发出新芽，陆续不断地开花。植株瘦高，可开出较大的花，也适合盆栽养护。

'纯正猩红'
Frankly Scarlet

暑	半翘角高心状花／花径 10cm／株高 1.5m／直立型／四季开花／FI／中香

'威廉·莎士比亚 2000'
William Shakespeare 2000

初开时为宝石红色的杯状花，之后逐渐变成花瓣重叠的绝美莲座状花。花形不易松散变形。香味浓郁。四季开花性在英国玫瑰中属非常出色的。需要预防性喷洒药剂。

黑 白 红 寒 暑	杯状花／花径 10cm／株高 1.2m／半藤蔓型／四季开花／En／浓香

寒 暑	莲座状花／花径 8 ~ 9cm／株高 1.5m／半藤蔓型／反复开花／En／中香

'布莱斯维特'
L.D. Braithwaite

这是英国玫瑰中较古老的品种，直立的枝条上开出深红色的花。枝条可以伸展得比较长，不要缠绕而是搭在栏杆上效果更好。如果勤于剪去残花，一直可以开花至秋季。需要按照正常水平喷洒药剂。

带有朱红色或深粉色感觉的红色 HT 品系。坐花多，且可以在整齐的高度开花，盆栽植株较均衡。开花周期短，只要勤于剪掉残花就可以陆续开花。

'永恒 '98'
Timeless'98

寒	翘角高心状花／花径 10 ~ 12cm／株高 1.3m／直立型／四季开花／HT／淡香

'红色龙沙宝石'
Rouge Pierre de Ronsrad

这是'龙沙宝石'的枝条变异品种。枝条长度偏短且具四季开花性，故适合盆栽。冬季修剪时将枝条剪短也能正常开花，所以可以自由调整植株高度。大花且芳香浓郁，仅一株就能演绎出奢华的格调。

寒 暑	莲座状花／花径 10cm／伸长 1.8 ~ 2m／藤蔓型／四季开花／FI／浓香

黑 白	翘角高心状花／花径 5 ~ 6cm／株高 0.5m／半横向扩展型／四季开花／Min／淡香

'克莱恩特'
Caliente

2006 年育成的微型玫瑰品种，较收紧的翘角高心状花让人印象深刻。虽然通常红色玫瑰经日晒后花瓣边缘会发黑，但这个品种可以一直保持深红色。相对其他微型玫瑰来说，花朵偏大，也适合栽种在大花槽中。

'紫香'

Shiko

寒 阴
半翘角高心状花
花径 10cm
株高 1 ~ 1.2m
直立型
四季开花／ HT ／中香

优点在于其浅紫色花色不易褪色。在 HT 品系中属稍娇小的花朵，适宜与其他玫瑰及草花搭配种植。刺少，有芳香气味。需按正常水平喷洒药剂及施肥。

'蓝雨'

Rainy Blue

白 红 寒 暑
莲座状花
花径 6cm
伸长 1.5m
藤蔓型
四季开花／ CI ／淡香

2012 年发布的藤本月季品种，其莲座状花非常少见。花叶小，花茎细。外形较纤细，但实际上非常强健。枝条不会过度伸展，是最适合盆栽的藤本月季。可以将其牵引到阳台的栏杆上，试试从下往上看的效果，一定会给你带来不一样的惊喜。

'蓝欢腾'

Blue Ovation

寒 暑
半翘角高心状花
花径 4 ~ 5cm
株高 0.6 ~ 0.8m
直立型
四季开花／ Min ／淡香

较大的微型玫瑰。较一般的微型玫瑰的抗病性更好。薰衣草色的花瓣边缘渐变为偏红紫色，如双色花般让人印象深刻。需要坚持剪去残花，生长期如每周施一次液肥，会促进开花。

'暗恋心'

Shinoburedo

暑
圆瓣状花
花径 7 ~ 8cm
株高 1.2m
直立型
四季开花／ Fl ／中香

偏蓝色感觉的浅紫色花，让人怦然心动。得名于日本和歌。植株可开出许多高雅精致的花朵，整体姿态均衡收敛，盆栽会非常耐看。要注意夏季整枝时仅轻度整理即可。

'紫云'
Shiun

寒 暑
翘角高心状花
花径 10 ~ 12cm
株高 1.1 ~ 1.4m
直立型
四季开花／HT／淡香

　　紫红色翘角高心状花，花形可以长时间维持。植株强健易栽培，坐花状况好，即使新手也能培育出漂亮的花来。但由于抗病性一般，需要按照正常水平喷洒药剂及施肥。

'梦幻薰衣草'
Lavender Dream

黑 白 红 寒 暑 阴
圆瓣平开状花
花径 3 ~ 4cm
株高 1.2 ~ 1.5m
横向扩展型
四季开花／MS／中香

　　薰衣草紫色小花开满全株，适合搭在阳台的栏杆上，也可以不做牵引而在盆中养得非常茂盛。对黑斑病、白粉病的抗病性强，在半日照条件下也能正常开花。

'玫兰薰衣草'
Lavender Meidiland

黑 白 红 寒 暑 阴
杯状花
花径 4cm
株高 0.5 ~ 0.7m
半横向扩展型
四季开花／MS／淡香

　　薰衣草粉紫色的杯状花一直持续不断地开放到晚秋时节。枝条偏细，抽条不会长得过长，盆栽较易打理。对黑斑病和白粉病的抗病性特别强，只需冬季施底肥即可。

'蓝色狂想曲'
Rhapsody in Blue

黑 白 寒 暑 阴
半重瓣状花
花径 6 ~ 7cm
株高 1 ~ 1.5m
半藤蔓型
四季开花／Fl／中香

　　深紫色花瓣与中心的黄色花蕊相互衬托，煞是抢眼。花色会渐变为灰色，这也是这个品种的个性体现。坐花状况非常好，其灌木株型如果任枝条舒展也可以当作藤本月季造型。虽然植株强健，但也需要预防性喷洒药剂。

作者

铃木满男

1950 年生于日本岩手县。在日本的京成玫瑰园从事了 40 多年的生产工作，同时还面向生产者开展栽培辅导。负责为各种活动进行花期调整，并承担庭院总负责人的职责。近年来在日本各地开办讲座、进行演讲，还根据各地的气候和环境对培育方法和促花手段做有针对性的辅导。

图书在版编目（CIP）数据

全图解玫瑰月季爆盆技巧 / (日) 铃木满男著；陶旭译 . —— 武汉：湖北科学技术出版社，2016.4（2020.5,重印）

ISBN 978-7-5352-8246-0

Ⅰ . ①全… Ⅱ . ①铃… ②陶… Ⅲ . ①玫瑰花 – 盆栽 – 观赏园艺 – 图解 Ⅳ . ① S685.12–64

中国版本图书馆 CIP 数据核字 (2015) 第 223907 号

责任编辑　胡　婷　童桂清
封面设计　胡　博
出版发行　湖北科学技术出版社
地　　址　武汉市雄楚大街 268 号
　　　　　（湖北出版文化城 B 座 13–14 层）
邮　　编　430070
电　　话　027-87679468
网　　址　www.hbstp.com.cn
印　　刷　武汉市金港彩印有限公司
邮　　编　430023
开　　本　889×1092　1/16　8 印张
字　　数　160千字
版　　次　2016 年 4 月第 1 版
　　　　　2020 年 5 月第 6 次印刷
定　　价　48.00 元

（本书如有印装问题，可找本社市场部更换）